Carola Henke

Wunder Pferd
750 spannende Quizfragen

KOSMOS

Umschlaggestaltung von eStudio Calamar, Spanien, unter Verwendung von Fotos von Christiane Slawik (oben) und Christophe Ratier (unten)

Bildnachweis
Museum Mensch und Natur, München: S. 5
John Foxx Images: S. 25
Christoph Salata/Kosmos: S. 49
Christoph Salata/Kosmos: S. 71
Marianne Lins: S. 97
Christoph Salata/Kosmos: S. 121

Bibliografische Information der Deutschen Bibliothek
Die Deutsche Bibliothek verzeichnet diese Publikation in der Deutschen Nationalbibliografie; detaillierte bibliografische Daten sind im Internet über http://dnb.ddb.de abrufbar.

Dieses Buch folgt den Regeln der neuen deutschen Rechtschreibung

KOSMOS Postfach 106011
D-70049 Stuttgart
TELEFON +49 (0)711-2191-0
FAX +49 (0)711-2191-422
WEB www.kosmos.de
E-MAIL info@kosmos.de

Gedruckt auf chlorfrei gebleichtem Papier

1. Auflage

ISBN 3-440-09821-4
Redaktion: Ina Pfitzer
Layout: Ralf Paucke
Produktion: Ralf Paucke
Printed in the Czech Republic / Imprimé en République tchèque

Inhalt

Vier Beine hatte es schon immer

1. Seit wann gibt es Pferde?

a) Seit etwa 60 Millionen Jahren.
b) Seit etwa 4,5 Millionen Jahren.
c) Seit etwa 250.000 Jahren.

2. Welche Pferde gelten heute als die größten?

a) Noriker.
b) Ostfriesen.
c) Shire Horse.

3. Welches Gestüt züchtet frei lebende Pferde?

a) Das Haupt- und Landgestüt Marbach.
b) Der Merfelder Bruch.
c) Das Gestüt Sachsen.

4. Wodurch zeichnet sich das American Standardbred aus?

a) Es ist ein hervorragendes Rennpferd.
b) Es ist ein hervorragendes Springpferd.
c) Es ist ein hervorragendes Trabrennpferd.

5. Welches Tier gehört zu den Verwandten des Pferdes?

a) Das Flusspferd.
b) Das Nashorn.
c) Der Elch.

6. Was ist ein Maultier?

a) Eine Kreuzung aus Pferdestute und Esel.
b) Eine Kreuzung aus Pferdehengst und Eselstute.
c) Eine besondere Eselart.

7. Welches Pony hat sich seit Jahrtausenden kaum verändert?

a) Das Exmoor-Pony.
b) Das Fell-Pony.
c) Das Sardische Pony.

8. Welcher Verwandte des Pferdes sieht dem Eohippus ähnlich?

a) Der Onager.
b) Der Tapir.
c) Das Zebra.

9. Welche Rasse begründete die Pluto-Linie der Lipizzanerzucht?

a) Araber.
b) Frederiksborger.
c) Neapolitaner.

10. Welche Indianer züchteten ausschließlich eine Pferderasse?

a) Die Pawnee.
b) Die Nez Percé.
c) Die Sioux.

11. Ab welcher Größe spricht man vom Großpferd?

a) Ab 148 cm Stockmaß.
b) Ab 149 cm Stockmaß.
c) Ab 150 cm Stockmaß.

12. Wie heißen die Kreuzungen zwischen Pferd und Zebra?

a) Pferoide.
b) Zebroide.
c) Zeroide.

13. Wer schuf ein riesiges Nachrichtennetz mittels Pferden?

a) Cäsar.
b) Kublai Khan.
c) Ramses.

14. Welches Kaltblut war bei den Rittern beliebt?

a) Der Brabanter.
b) Der Jütländer.
c) Der Schleswiger.

15. Wann darf ein Hengst ein Hengst bleiben?

a) Wenn sein Besitzer es will.
b) Wenn er als Zuchthengst anerkannt wird.
c) Wenn er keine Mängel im Körperbau aufweist.

16. Wo leben die Bhutia- und Spiti-Ponys?

a) Im indischen Himalaya-Gebirge.
b) In der Wüste Karakum in Turkmenistan.
c) In der mongolischen Steppe.

17. Können Maultiere und Maulesel sich fortpflanzen?

a) Nein.
b) Ja.
c) Eigentlich nicht.

18. Als was nutzt man das Baschkir-Pferd vor allem?

a) Als Milchpferd.
b) Als Reitpferd.
c) Als Zugpferd.

19. Welche Pferde werden ausschließlich auf Farbe gezüchtet?

a) Holsteiner.
b) Palominos.
c) Pintos.

20. Ab welchem Lebensjahr beginnen Deckhengste (Beschäler) zu decken?

a) Ab dem 1. Lebensjahr.
b) Ab dem 3. Lebensjahr.
c) Ab dem 5. Lebensjahr.

21. Welche Stadt ist nach einem Pferd benannt?

a) Bukephala.
b) Kairo.
c) Saidi.

22. Welches Pferd wurde im 19. Jahrhundert wiederentdeckt?

a) Der Mustang.
b) Das Przewalskipferd.
c) Der Tarpan.

23. Wie hoch ist die Befruchtungsrate bei Stuten?

a) Etwa 65%.
b) Etwa 80%.
c) Etwa 95%.

24. Wie viel brachte das schwerste Pferd auf die Waage?

a) Über 1300 kg.
b) Über 1400 kg.
c) Über 1500 kg.

25. Was ist ein Pedigree?

a) Ein Futter.
b) Eine spezielle Zäumung.
c) Der Fachausdruck für den Abstammungsnachweis.

26. Was ist ein Halbblut?

a) Ein Warmblut.
b) Eine Kreuzung aus einem Vollblut und einem Warmblut.
c) Eine Kreuzung aus einem Vollblut und einem Kaltblut.

27. Wann wächst ein Warmblut am stärksten?

a) Im 1. Lebensjahr.
b) Im 2. Lebensjahr.
c) Im 3. Lebensjahr.

28. Wie heißt die kleinste Ponyrasse?

a) Kaspisches Pony.
b) Falabella.
c) Shetland-Pony.

29. Wie groß können Maultiere werden?

a) Über 150 cm.
b) Über 170 cm.
c) Über 190 cm.

30. Wo sind Kaltblüter heute noch besser als Maschinen?

a) Im Bergbau.
b) In der Forstwirtschaft.
c) In der Landwirtschaft.

31. Wie nutzte der Mensch anfangs die Pferde?

a) Als Jagdbeute.
b) Als Lasttier.
c) Als Zugtier.

32. Warum wird der Mulassiér hauptsächlich gezüchtet?

a) Um ihn als Fahrpferd zu nutzen.
b) Um ihn als Zirkuspferd auszubilden.
c) Um mit ihm Maultiere zu züchten.

33. Wie reagiert der Pottiock auf seine dornige Winternahrung?

a) Er beißt die Pflanzen unten an der Erde ab.
b) Er „gräbt" die Pflanzen aus.
c) Ihm wachsen zum Schutz dicke Barthaare.

34. Wann begann man das Pferd zu zähmen?

a) Vor etwa 20.000 Jahren.
b) Vor etwa 10.000–12.000 Jahren.
c) Vor etwa 4.000–5.000 Jahren.

35. Welches Pony ist ein hervorragender Gebirgskletterer?

a) Das Gotland-Pony.
b) Der Huzule.
c) Der Nordländer.

36. Wann wurde das erste Mal von einem Passgänger berichtet?

a) Um 50 v. Chr.
b) Um 500 n. Chr.
c) Um 1700.

37. Welche Pferde leben sogar mit Wölfen zusammen?

a) Die Letten.
b) Die Maremannos.
c) Die Rocky-Mountain-Pferde?

38. Wie viele „Stammväter" hat unser heutiges Pferd?

a) 1.
b) 2.
c) Mehr.

39. Welche Pferde legten in 84 Tagen 4.000 km zurück?

a) Achal-Tekkiner.
b) Australische Stockhorse.
c) Dons.

40. Wann sah das Pferd ungefähr wie unser heutiges aus?

a) Vor 1 Million Jahre.
b) Vor 250.000 Jahren.
c) Vor 30.000 Jahren.

41. Welche Pferde werden in Portugal oft im Stierkampf eingesetzt?

a) Andalusier.
b) Lusitanos.
c) Paso Finos.

42. Welche Rasse ist für die Warmblutzucht die wichtigste?

a) Das Arabische Vollblut.
b) Das Englische Vollblut.
c) Der Berber.

43. Was bezeichnet man mit Kaliber?

a) Das Gewicht des Pferdes.
b) Die Größe des Pferdes.
c) Das Verhältnis vom Gewicht zur Körpergröße.

44. Welche Rasse ernannte die UNESCO zum Weltkulturerbe?

a) Araber.
b) Kladruber.
c) Trakehner.

45. Wer begründete die Zucht des Arabischen Vollbluts?

a) Aga Khan.
b) Mohammed.
c) Thutmosis.

46. Wie viel wogen die Rüstungen der Ritter?

a) Bis zu 100 kg.
b) Bis zu 250 kg.
c) Bis zu 500 kg.

47. Wie ist der Englische Vollblüter gekennzeichnet?

a) Durch ein „ox“ hinter seinem Namen.
b) Durch ein „xo“ hinter seinem Namen.
c) Durch ein „xx“ hinter seinem Namen.

48. Wie klein ist das bisher kleinste Pferd?

a) 35,5 cm.
b) 47,0 cm.
c) 52,5 cm.

49. Welcher Kaltblüter gilt als der eleganteste?

a) Der Ardenner.
b) Der Clydesdale.
c) Der Percheron.

50. Was bezeichnet man mit Inzestzucht?

a) Die Eltern sind innerhalb von 1 Generation verwandt.
b) Die Eltern sind innerhalb von 2 Generationen verwandt.
c) Die Eltern sind innerhalb von 3 Generationen verwandt.

51. Wie viele Pferde umfasste die größte berittene Armee?

a) 500.000.
b) 1,5 Millionen.
c) 2 Millionen.

52. Welches Pony transportiert erlegtes Wild?

a) Der Haflinger.
b) Das Highlandpony.
c) Der Nordländer.

53. Sind Pferde gegen die Tsetsefliege immun?

a) Ja.
b) Nein.
c) Nur in Ausnahmefällen.

54. Welches Pony sieht dem Przewalskipferd sehr ähnlich?

a) Das Bali-Pony.
b) Das Bosnische Pony.
c) Der Garrano.

55. Welche Pferde wurden in den 1960er Jahren gejagt?

a) Brumbys.
b) Criollos.
c) Malapolskis.

56. Wie viel Araberblut muss ein Anglo-Araber mindestens haben?

a) 10%.
b) 25%.
c) 40%.

57. Was zeichnet das Kanadische Cuttingpferd aus?

a) Sein Mut.
b) Sein Rinderverstand.
c) Seine Wendigkeit.

58. Was ist am Friesen ungewöhnlich?

a) Er hat eine hohe Knieaktion.
b) Er ist sehr intelligent.
c) Er hat Behang.

59. Welches Pferd verbeugte sich vor einem König?

a) Ein Hispano-Araber.
b) Ein Knabstrupper.
c) Ein Turkmene.

60. Woher stammt das Equus?

a) Aus Afrika.
b) Aus Asien.
c) Aus Nordamerika.

61. Welche Ponyrasse besteht nur aus Schecken?

a) Assateague.
b) Pony of the Americans.
c) Pottiok.

62. Wie heißt die kleinste halbwilde Ponyrasse?

a) Falabella.
b) Island-Pony.
c) Shetland-Pony.

63. Von welchen Pferden stammen die Mustangs ab?

a) Von den asiatischen.
b) Von den deutschen.
c) Von den spanischen.

64. Welche Pferde vertragen Menschen mit Pferdehaarallergie?

a) Das amerikanische Baschkir Curly.
b) Den Oldenburger.
c) Das Quarter Horse.

65. Welches Pferd geht vorne im Schritt und hinten im Trab?

a) Der Berber.
b) Der Ostbulgare.
c) Der Missouri Foxtrotter.

66. Aus welchem Land kommen die Einsiedler?

a) Aus Deutschland.
b) Aus Österreich.
c) Aus der Schweiz.

67. Was ist Ludger Beerbaums Erfolgspferd Goldfever?

a) Ein Hannoveraner.
b) Ein Trakehner.
c) Ein Westfale.

68. Wer begründete die Trakehnerzucht?

a) Friedrich Wilhelm I.
b) Wilhelm I.
c) Karl der Große.

69. Welches Rennpferd hatte ein außergewöhnlich großes Herz?

a) Phar Lap.
b) Red Terror.
c) Wonder Horse.

70. Welches Pferd war mit dem Spruch „... Erster – der Rest nirgends" gemeint?

a) Eclipse.
b) Herod.
c) Nijinski.

71. Was war den Germanen an ihren Pferden besonders wichtig?

a) Gehorsam.
b) Mut.
c) Schnelligkeit.

72. Welche Last können zwei Pferde ziehen?

a) Über 10.000 kg.
b) Über 20.000 kg.
c) Über 40.000 kg.

73. Wo entstand die erste reine Traberzucht?

a) In Amerika.
b) In Frankreich.
c) In Russland.

74. Welche Pferde bewältigten den Abstieg im Grand-Canyon?

a) Colorado Ranger.
b) Florida Cracker Horse.
c) Missouri Foxtrotter.

75. Mit wem gewann Reiner Klimke zweimal olympisches Gold?

a) Mit einem Friesen.
b) Mit einem Holsteiner.
c) Mit einem Westfalen.

76. Aus wie vielen Urformen entwickelten sich unsere heutigen Pferderassen?

a) 2.
b) 4.
c) 6.

77. Welche Pferde werden bei Galopprennen eingesetzt?

a) Halbblüter.
b) Vollblüter.
c) Warmblüter.

78. Wie schnell kann ein Pferd laufen?

a) Über 40 km/h.
b) Über 50 km/h.
c) Über 60 km/h.

79. Wer wird in das Hauptstammbuch aufgenommen?

a) Hengste.
b) Stuten.
c) Stuten und Fohlen.

80. Wie viele Wildeinhuferarten haben bis heute überlebt?

a) 2.
b) 5.
c) 6.

81. Welches Pferd bevorzugte Dschingis Khan?

a) Das Batak.
b) Das Mongolische Pony.
c) Das Tibetische Pony.

82. Wodurch beeindruckt das Menorca-Pferd besonders?

a) Durch sein Aufbäumen.
b) Durch seine hohe Knieaktion.
c) Durch seine schwungvollen Gänge.

83. In welches Land darf kein Pferd eingeführt werden?

a) China.
b) Island.
c) Rumänien.

84. Wer wurde „Geist der Steppe" genannt?

a) Ein Appaloosa.
b) Ein Berber.
c) Ein Mustang.

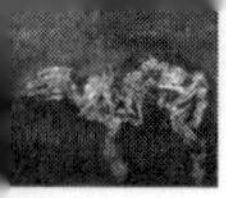

85. Was unterscheidet das Hauptgestüt vom Landgestüt?

a) Es werden nur Hengste gehalten.
b) Es werden nur Stuten gehalten.
c) Es werden Hengste und Stuten gehalten und Fohlen aufgezogen.

86. Durch welche Rolle wurde ein American Saddle Horse bekannt?

a) Black Beauty.
b) Ed.
c) Fury.

87. Wie viele Pferde und Ponys gibt es heute in Deutschland?

a) Über 500.000.
b) Über 1 Million.
c) Über 2 Millionen.

88. Wie nennt man die Angehörigen der Familie Pferd?

a) Equiden.
b) Equites.
c) Hippogryphen.

89. Welches Pferd ist ein wahrer Marathonläufer?

a) Der Colorado Ranger.
b) Das Kasachische Pferd.
c) Der Murgese.

90. Welches ausgestorbene Wildpferd versuchte man zurückzuzüchten?

a) Den Mustang.
b) Das Przewalskipferd.
c) Den Tarpan.

91. Welcher berühmte westfälische Deckhengst starb schon mit 11 Jahren?

a) Angelo xx.
b) Fidermark.
c) Polydor.

92. Können Pferde Esel zur Welt bringen?

a) Ja.
b) Nur unter bestimmten Vorraussetzungen.
c) Nein.

93. Welche Pferderasse ritten die Kosaken?

a) Den Budjonny.
b) Den Don.
c) Den Lokaier.

94. Was wird über den Nordschweden gesagt?

a) Er hätte Augen unter den Hufen.
b) Er hätte einen „Rinderverstand“ wie ein Quarter Horse.
c) Er hätte 4 linke Beine.

95. Welche Rasse gilt als Vertreter des Urtyps Nordpony?

a) Das Fellpony.
b) Das Exmoor-Pony.
c) Das Kaspische Pony.

96. Was bezeichnet man als „Konsolidierung"?

a) Der Bestand einer Rasse ist gesichert.
b) Eine Rasse hat sich durchgesetzt.
c) Das Zuchtziel ist erreicht.

97. Welches Pony ist nach einem Beruf benannt?

a) Das Basuto-Pony.
b) Der Irish Tinker.
c) Das Timor-Pony.

98. Bei welchem Pferd berühren sich die Ohren?

a) Beim Belgischen Warmblut.
b) Beim Kathiawari.
c) Beim Westfalen.

99. Welche Pferde müssen bunt sein?

a) Friesen.
b) Mustangs.
c) Pintos.

100. Gibt es schon geklonte Pferde?

a) Ja.
b) Nein, aber demnächst.
c) Nein.

Zeig mir deine Zähne

101. Was bezeichnet man beim Pferd als „Gebäude"?

a) Das gesamte Erscheinungsbild des Pferdes.
b) Das Skelett des Pferdes.
c) Die Größe des Pferdes.

102. Haben Pferde einen Bart?

a) Ja.
b) Manche.
c) Nein.

103. Schwitzen Pferd überall gleich stark?

a) Ja.
b) Das ist von Pferd zu Pferd verschieden.
c) Nein.

104. Was bezeichnet man mit Vorhand?

a) Die Vorderbeine.
b) Den Bereich vom Kopf bis zu den Vorderbeinen.
c) Alles, was vor der Reiterhand liegt.

105. Was ist ein Überbleibsel aus der Zeit des Urpferdes Eohippus?

a) Der Hakenzahn.
b) Die Kastanie.
c) Der Widerrist.

106. Welche Farbbezeichnung ist dem eigentlichen Wortsinn nach nicht richtig?

a) Palomino.
b) Schecke.
c) Tiger.

107. Was sind Ganaschen?

a) Die Übergänge links und rechts vom Pferdekopf zum Hals.
b) Ein Schutz für die Pferdebeine.
c) Schwellungen durch Druck des Sattels.

108. Was ist ein Krötenmaul?

a) Ein hellbraunes Maul.
b) Ein weißes Maul.
c) Ein Maul mit weißen Flecken.

109. Welches Gelenk des Pferdes entspricht dem menschlichen Handgelenk?

a) Das Ellenbogengelenk.
b) Das Fesselgelenk.
c) Das Vorderfußwurzelgelenk.

110. Auf welchem Teil des Hufes lastet das gesamte Gewicht?

a) Auf dem Ballen.
b) Auf dem Kronenrand.
c) Auf dem Tragrand.

111. Wann ist ein Pferd gut „behost"?

a) Wenn das Pferd am Oberschenkel einen dichten Haarwuchs hat.
b) Wenn die Ober- und Unterschenkelmuskulatur gut ausgeprägt ist.
c) Wenn die Stellung der Hinterbeine korrekt ist.

112. Was entsteht, wenn man Palominos miteinander paart?

a) Ein Palomino.
b) Ein Palomino oder ein Fuchs.
c) Ein Palomino, ein Fuchs oder ein cremefarbener Albino.

113. Wie sieht ein Pferd aus, das „überbaut" ist?

a) Die Kruppe ist höher als der Widerrist.
b) Der Widerrist ist höher als die Kruppe.
c) Die Beine sind extrem lang.

114. Wie schwer ist das Herz eines Warmblutwallachs?

a) 1 kg.
b) 3 kg.
c) 5 kg.

115. Was ist ein Karpfenrücken?

a) Ein nach unten gesenkter Rücken.
b) Ein nach oben gewölbter Rücken.
c) Ein zu gerader Rücken.

116. Wie groß sollte der Abstand zwischen den Vorderbeinen sein?

a) Etwa 1 Huf breit.
b) Etwa 2 Huf breit.
c) Etwa 3 Huf breit.

117. Was ist ein Rattenschweif?

a) Ein grauer Schweif.
b) Ein dünn behaarter Schweif.
c) Ein an der Schweifrübe dünn behaarter Schweif.

118. Wie viel wächst das Hufhorn pro Monat?

a) Etwa 8–10 mm.
b) Etwa 15–17 mm.
c) Etwa 20–22 mm.

119. Welche Farbe kam beim Wildpferd nicht vor?

a) Brauner.
b) Falbe.
c) Schimmel.

120. Was kommt häufig bei gescheckten Pferden vor?

a) Ein Aalstrich.
b) Ein gestreifter Huf.
c) Ein Mehlmaul.

121. Wann spricht man von Bockhuf?

a) Wenn der Huf sehr groß ist.
b) Wenn die Fessel steil ist.
c) Wenn der Huf vorne gespalten ist.

122. Welche Zähne sagen etwas über das Alter des Pferdes aus?

a) Die Backenzähne.
b) Die Hakenzähne.
c) Die Schneidezähne.

123. Warum kommt es zu Unfällen mit Autos?

a) Das Pferd sieht das Auto unscharf.
b) Das Pferd hält das Auto für ungefährlich.
c) Das Pferd kann die Geschwindigkeit nicht richtig einschätzen.

124. Womit greifen die Pferde ihr Futter?

a) Mit den Lippen.
b) Mit den Zähnen.
c) Mit der Zunge.

125. Was ist ein Merkmal nordischer Ponyrassen?

a) Der Aalstrich.
b) Die Doppelmähne.
c) Das Mehlmaul.

126. Womit tastet das Pferd?

a) Mit den Lippen.
b) Mit Tasthaaren an den Lippen.
c) Mit der Zunge.

127. Wie nennt man die unveränderlichen Kennzeichen des Haarkleides?

a) Abzeichen.
b) Blessen.
c) Zeichnungen.

128. Was kann von den großen Tieren nur das Pferd?

a) Sowohl Hitze als auch Kälte vertragen.
b) Sehr schwere Lasten ziehen.
c) Seine eigene Körpergröße überspringen.

129. Wann ist das Knochengerüst voll ausgebildet?

a) Am Ende des 2. Lebensjahres.
b) Am Ende des 3. Lebensjahres.
c) Am Ende des 4. Lebensjahres.

130. Welche Werte sollten 15 Minuten nach einer Anstrengung wieder normal sein?

a) Die Atemwerte.
b) Die Pulswerte.
c) Puls-, Atem- und Temperaturwerte.

131. Warum müssen Fohlen bald nach der Geburt trinken?

a) Weil sie Flüssigkeit brauchen.
b) Weil sie Nahrung brauchen.
c) Weil die erste Milch der Stute Schutzstoffe enthält.

132. Mit wie vielen Jahren können Pferde Kinder zeugen?

a) Mit 1 Jahr.
b) Mit 2 Jahren.
c) Mit 3 Jahren.

133. Woran kann man erkennen, ob ein Pferd sich erholt hat?

a) An den Augen.
b) Am Flankenschlag.
c) An der Temperatur der Beine.

134. Bei welcher Krankheit blähen sich die Lungen auf?

a) Dämpfigkeit.
b) Erkältung.
c) Lungenentzündung.

135. Wie viel Luft saugt ein Pferd pro Atemzug durchschnittlich ein?

a) 2 l.
b) 6 l.
c) 10 l.

136. Gibt es bei Pferden Zwillingsgeburten?

a) Ja.
b) Nein.
c) Sehr selten.

137. Hören Pferde besser als Menschen?

a) Ja.
b) Nein, sie hören genauso gut wie Menschen.
c) Sie hören schlechter.

138. Wie oft atmet ein Pferd bei starker Anstrengung?

a) 30–50-mal pro Minute.
b) 60–80-mal pro Minute.
c) 80–100-mal pro Minute.

139. Wie unterscheidet sich das Pferd von anderen Säugetieren?

a) Es hat ein verhältnismäßig kleines Herz.
b) Es hat eine verhältnismäßig kleine Lunge.
c) Es hat einen verhältnismäßig kleinen Magen.

140. Was versteht man unter Mondblindheit?

a) Eine wiederkehrende Augenentzündung.
b) Eine Art Nachtblindheit.
c) Eine Trübung des Auges.

141. Wie lang ist der Darm des Pferdes?

a) Etwa 10 m.
b) Etwa 25 m.
c) Etwa 40 m.

142. Wie viele Zähne hat ein Pferd?

a) 30.
b) 35.
c) 40.

143. Wie weit ist das Blickfeld des Pferdes?

a) 120 Grad.
b) 240 Grad.
c) 340 Grad.

144. Was ist ein Isabell?

a) Ein gelber Fuchs.
b) Ein gelber Brauner.
c) Ein gelber Schimmel.

145. Wo wird die Größe des Pferdes gemessen?

a) An der Kruppe.
b) An der Schulter.
c) Am Widerrist.

146. Was bezeichnet man als Glasauge?

a) Ein künstliches Auge.
b) Ein helles, gläsern wirkendes Auge.
c) Ein starres Auge.

147. Was macht ein Pferd, wenn es flehmt?

a) Es droht.
b) Es nimmt intensive Gerüche auf.
c) Es zeigt seine Missbilligung.

148. Wodurch unterscheidet sich ein Brauner von einem Fuchs?

a) Er ist dunkler.
b) Er hat schwarzes Langhaar.
c) Er hat schwarze Ohren.

149. Was ist ein Maulgatter?

a) Ein Maulkorb für Pferde.
b) Ein spezielles Gebiss.
c) Ein tierärztliches Instrument.

150. Auf welche Entfernung kann ein Hengst eine Stute riechen?

a) Auf 100 m.
b) Auf 500 m.
c) Auf 1.000 m.

151. Sieht man, ob eine Stute trächtig ist?

a) Ja.
b) Nicht in jedem Fall.
c) Nein.

152. Welche Pferde werden weiß geboren?

a) Albinos.
b) Lipizzaner.
c) Kartäuser.

153. Was wird mit Buggelenk bezeichnet?

a) Das Kniegelenk.
b) Das Schultergelenk.
c) Das Sprunggelenk.

154. Wie lange dauert die Trächtigkeit einer Stute?

a) Etwa 270 Tage.
b) Etwa 300 Tage.
c) Etwa 340 Tage.

155. Wie alt werden Pferde?

a) Bis zu 15 Jahre.
b) Bis zu 20 Jahre.
c) Bis zu 30 Jahre.

156. Wer hat es eiliger, zur Welt zu kommen?

a) Das Hengstfohlen.
b) Das Stutfohlen.
c) Es gibt keinen Unterschied.

157. Wo befinden sich bei jedem Pferd Wirbel?

a) Auf der Brust.
b) Auf den Ganaschen.
c) Auf der Nase.

158. Wie sieht ein Karpfengebiss aus?

a) Die Schneidezähne des Unterkiefers stehen vor.
b) Die Schneidezähne des Oberkiefers stehen vor.
c) Obere und untere Schneidezähne bilden einen spitzen Winkel.

159. Warum gelangt das Futter nur in kleinen Mengen in den Magen?

a) Das Pferd schluckt es in kleinen Portionen.
b) Die Nahrung teilt sich auf dem Weg durch die Speiseröhre.
c) Ein Schließmuskel am Übergang von der Speiseröhre zum Magen reguliert die Futtermenge.

160. Was erscheint bei der Geburt vom Fohlen zuerst?

a) Der Kopf.
b) Die Hinterbeine.
c) Die Vorderbeine.

161. Wo wächst der Kötenbehang?

a) Am Vorderfußwurzelgelenk.
b) Am Ballen.
c) An Fesselkopf und Röhrbein.

162. Welche Ursache hat die Muskelerkrankung „Kreuzverschlag"?

a) Das Pferd wurde zu viel bewegt.
b) Das Pferd wurde bei zu viel Hafer zu wenig bewegt.
c) Das Pferd lief zu lange auf hartem Untergrund.

163. Haben Fohlen auch Milchzähne?

a) Ja.
b) Nein. Sie bekommen gleich die richtigen Zähne.
c) Ja, aber es sind nicht alle Zähne vorher als Milchzähne vorhanden.

164. Wie oft sollte eine Wurmkur durchgeführt werden?

a) 1-mal pro Jahr.
b) 2-mal pro Jahr.
c) 4-mal pro Jahr.

165. Wie viele Liter muss ein Pferd am Tag trinken?

a) 2–4 l pro 100 kg Körpergewicht.
b) 5–12 l pro 100 kg Körpergewicht.
c) 13–18 l pro 100 kg Körpergewicht.

166. Wenn ein Pferd im Regen steht – wo am Körper wird das Regenwasser abgeleitet?

a) An den Seiten.
b) Dort, wo wenig Haare wachsen.
c) Überall.

167. Wie erkennen Pferde frühzeitig ein Erdbeben?

a) Sie hören es.
b) Sie spüren leichte Bewegungen der Erde.
c) Sie haben einen 6. Sinn.

168. Welche Farbe sollten Pferdeäpfel haben?

a) Gelb.
b) Braungelb.
c) Dunkelgrün.

169. Wann darf ein Fohlen frühestens von der Mutter getrennt werden?

a) Nach 3 Monaten.
b) Nach 6 Monaten.
c) Nach einem Jahr.

170. Welche Pferde haben am 1. Januar Geburtstag?

a) Die, die am 1. Januar geboren sind.
b) Alle Traber und Galopper.
c) Alle.

171. Wie lange können Pferde Kinder zeugen?

a) Bis 12 Jahre.
b) Bis 15 Jahre.
c) Bis 20 Jahre.

172. In welchem Alter starb das bisher älteste Pferd?

a) Mit 42 Jahren.
b) Mit 57 Jahren.
c) Mit 62 Jahren.

173. Was ist keine Krankheit?

a) Kreuzverschlag.
b) Lahmheit.
c) Spat.

174. Wie heißt eine Stute, die noch nicht gedeckt wurde?

a) Ammenstute.
b) Jungstute.
c) Maidenstute.

175. Wie lange muss Heu vor der Verfütterung ablagern?

a) Gar nicht.
b) 1 Monat.
c) 3 Monate.

176. Woran erkennt man, mit welchem Vorderfuß das Pferd lahmt?

a) Das Pferd hebt das betreffende Bein nicht richtig.
b) Das Pferd tritt mit dem betreffenden Bein nicht richtig auf.
c) Am Nicken des Kopfes.

177. Was macht ein Pferd, wenn es „schildert"?

a) Es entlastet ein Hinterbein.
b) Es hebt die Hinterbeine beim Springen nicht genügend.
c) Es knirscht mit den Zähnen.

178. Wie viel Blut hat ein Pferd?

a) 10–30 ml pro kg Körpergewicht.
b) 60–100 ml pro kg Körpergewicht.
c) 110–140 ml pro kg Körpergewicht.

179. Können Pferde sich erkälten?

a) Ja.
b) Ja, aber sie bekommen nur Schupfen, keinen Husten.
c) Nein.

180. Welche Krankheit verursacht Haarausfall?

a) Die Bornasche Krankheit.
b) Piephacke.
c) Räude.

181. Worauf deutet eine schräge Kruppe hin?

a) Das Pferd hat große Schubkraft.
b) Das Pferd hat sowohl Schub- als auch Tragkraft.
c) Das Pferd hat Tragkraft.

182. Woran erkennt man, ob das Pferd Fieber hat?

a) Es hat glasige Augen.
b) Es hat warme Ohren.
c) Es läuft unruhig auf und ab.

183. Was passiert, wenn das Pferd zu viel Sand mitfrisst?

a) Es bekommt Durchfall.
b) Es bekommt eine Kolik.
c) Es übergibt sich.

184. Welche Gefahr besteht beim Wälzen in der Box?

a) Das Pferd reibt sich den Rücken auf.
b) Das Pferd verletzt sich an der Boxenwand.
c) Das Pferd „legt sich fest".

185. Welches Format hat ein Wallach?

a) Hochrechteckformat.
b) Langrechteckformat.
c) Quadratformat.

186. Ab wann ist ein Fohlen lebensfähig?

a) Ab dem 290. Trächtigkeitstag.
b) Ab dem 300. Trächtigkeitstag.
c) Ab dem 310. Trächtigkeitstag.

187. Welche Pferde haben eher Spulwürmer?

a) Jüngere Pferde.
b) Ältere Pferde.
c) Sehr alte Pferde.

188. Wie viele Muskeln des Pferdes sind als Paar angeordnet?

a) 50.
b) 150.
c) 250.

189. Ab wann bewegt sich das Fohlen zum ersten Mal im Mutterbauch?

a) Nach 4 Monaten Trächtigkeit.
b) Nach 6 Monaten Trächtigkeit.
c) Nach 8 Monaten Trächtigkeit.

190. Was muss man bei einer Kolik als Erstes tun?

a) Das Pferd herumführen.
b) Das Pferd abreiben.
c) Den Tierarzt rufen.

191. Wo befindet sich der Aalstrich?

a) Auf der Kruppe.
b) Auf dem Rücken.
c) Auf dem Widerrist.

192. Wie nennt man eine Hauterkrankung an der Fesselbeuge?

a) Fesselgalle.
b) Mauke.
c) Stollbeule.

193. Wie sieht ein trockener Kopf aus?

a) Er hat eine dünne Haut.
b) Sein Fell ist stumpf.
c) Die Knochenumrisse scheinen durch die Haut.

194. Sind Knochenbrüche beim Pferd heilbar?

a) Ja.
b) Nicht alle, aber viele.
c) Nein.

195. Was machen Pferde niemals in Bewegung?

a) Fressen.
b) Pinkeln.
c) Wiehern.

196. Was hat der Haarwechsel zur Folge?

a) Dem Pferd juckt die Haut.
b) Das Pferd ist krankheitsanfälliger.
c) Das Pferd hat mehr Appetit.

197. Was beschreibt man mit „kuhhessig"?

a) O-Beine.
b) X-Beine.
c) Verschiedenfarbige Hinterbeine.

198. Was kann ungenügende Hufpflege zur Folge haben?

a) Ein Hufgeschwür.
b) Räude.
c) Strahlfäule.

199. Was ist Stichelhaar?

a) Dickes, borstiges Deckhaar.
b) Eine Stoppelmähne.
c) Weißes Haar in andersfarbigen Deckhaar.

200. Warum wurde bei Pferden der Schweif verkürzt?

a) Weil es einige Zeit Mode war.
b) Weil der Schweif sich in den Fahrleinen verfing.
c) Weil sich zu viel Dreck im Schweif sammelte.

201. Was passiert, wenn ein Pferd „greift"?

a) Es „rudert" über dem Sprung mit den Vorderbeinen.
b) Es schlägt sich mit den Hinterhufen an die Vorderhufe.
c) Es scharrt mit den Vorderhufen.

202. Bei welchen Pferden tritt häufiger Satteldruck auf?

a) Bei Pferden mit flachem Widerrist.
b) Bei Pferden mit steil abfallendem Widerrist.
c) Bei Pferden mit langem, allmählich abfallendem Widerrist.

203. Was bezeichnet man als „Gurtentiefe"?

a) Den Bauchumfang des Pferdes.
b) Den Brustumfang des Pferdes.
c) Den Abstand zwischen Oberarm und Ellenbogen.

204. Wie entsteht Darmstein?

a) Durch zu viel Hafer.
b) Durch zu viel Kleie.
c) Durch Fressen von Kot.

205. Was bezeichnet man als „Hanken"?

a) Den Ballen.
b) Hüft-, Knie und Sprunggelenk.
c) Scharfe Kanten an den Backenzähnen.

206. Wo wachsen dem ungeborenen Fohlen die ersten Haare?

a) An den Augenbrauen.
b) An Ober- und Unterlippe.
c) An der Schwanzspitze.

207. Was bezeichnet man als „Bügeln"?

a) Der Hals des Pferdes pendelt von einer Seite zur anderen.
b) Das Pferd schleift mit den Beinen über den Boden.
c) Das Pferd schwingt die Vorderbeine nach außen.

208. Wie empfindlich ist das Pferd?

a) Sehr.
b) Ein wenig.
c) Überhaupt nicht.

209. Sind Schwellungen an den Gelenken gefährlich?

a) Auf jeden Fall.
b) In bestimmten Fällen.
c) Nein, auf keinen Fall.

210. Was kann sich das Pferd nicht brechen?

a) Den Oberschenkel.
b) Das Schlüsselbein.
c) Den Vordermittelfuß.

Ich glaub, mich tritt ein Pferd

211. Ist das Pferd ein Einzelgänger?

a) Ja.
b) Nein, es lebt in Zweierbeziehungen.
c) Nein, es ist ein Herdentier.

212. Wie viel Abstand halten Pferde voneinander?

a) Keinen.
b) 1–1,50 m.
c) 1,80–3 m.

213. Wie viele Stunden schlafen Pferde pro Tag?

a) Etwa 3 Stunden.
b) Etwa 6 Stunden.
c) Etwa 8 Stunden.

214. Haben Pferde eine Toilette?

a) Ja.
b) Das kommt auf die Unterbringung an.
c) Nein.

215. Wie trennen sich Stute und Fohlen in freier Natur?

a) Abrupt, von einem Tag zum anderen.
b) Nach und nach, sehr langsam.
c) Gar nicht; sie bleiben immer zusammen.

216. Wie viele Stunden pro Tag fressen wild lebende Pferde?

a) Etwa 4 Stunden.
b) Etwa 8 Stunden.
c) Etwa 16 Stunden.

217. Warum drängt das Pferd in den Stall zurück?

a) Weil es seinen Stall liebt.
b) Weil der Stall ihm Sicherheit bietet.
c) Weil es dort Futter gibt.

218. Können Pferde Giftpflanzen erkennen?

a) Ja.
b) Nein.
c) Teils, teils.

219. Wie schlafen Pferde?

a) Im Stehen.
b) Im Liegen.
c) Im Stehen und im Liegen.

220. Warum heben oder senken Pferde manchmal den Kopf?

a) Um den Hals zu entspannen.
b) Um etwas besser hören zu können.
c) Um etwas besser sehen zu können.

221. Ab wann kann ein Fohlen nach seiner Geburt stehen?

a) Nach etwa einer 1/2 Stunde.
b) Nach etwa 1 Stunde.
c) Nach etwa 2 Stunden.

222. Hat das Hauspferd seine Instinkte verloren?

a) Ja.
b) Teilweise.
c) Nein.

223. Was ist eine Ersatzhandlung für mangelnde Bewegung?

a) Das Scharren mit den Hufen.
b) Ständiges Wiehern.
c) Das „Weben“.

224. Wo pinkeln Pferde nicht?

a) In der Box.
b) Auf glatten Flächen.
c) In der Reithalle.

225. Haben Pferde ein gutes oder schlechtes Gedächtnis?

a) Ein gutes.
b) Ein mittelmäßiges.
c) Ein schlechtes.

226. Wie nimmt man Kontakt zu einem Pferd im Stall auf?

a) Man tätschelt es.
b) Man spricht es an.
c) Man klopft an die Boxentür.

227. Wann rollen Pferde mit den Augen?

a) Wenn sie sich freuen.
b) Wenn sie genervt sind.
c) Wenn sie panische Angst haben.

228. Wie fliehen Pferde?

a) Sie bleiben eng beieinander.
b) Sie laufen in alle Richtungen.
c) Sie laufen hintereinander her.

229. Wie viele Konflikte zwischen Pferden sind gewalttätig?

a) Die allermeisten.
b) Ungefähr die Hälfte.
c) Nur wenige.

230. Wie zeigen Pferde einander ihre Zuneigung?

a) Sie blasen sich in die Nüstern.
b) Sie kraulen sich gegenseitig das Fell.
c) Sie schmiegen sich aneinander.

231. Was besagt eine rote Schleife am Schweifansatz?

a) Das Pferd ist bisher ungeschlagen.
b) Das Pferd ist ein Schläger.
c) Der Besitzer ist ein wenig albern.

232. Wann kommen die meisten Fohlen zur Welt?

a) Mittags.
b) Nachmittags.
c) Nachts.

233. Ob schwarz, ob braun, liebt der Hengst alle Frauen?

a) Ja.
b) Nein.
c) Nicht unbedingt.

234. Wie fordert ein Fohlen ein anderes zum Spielen auf?

a) Es stupst es mit der Nase.
b) Es streckt den Schweif so hoch wie möglich.
c) Es macht Bocksprünge.

235. Warum leckt die Stute kurz vor der Geburt ihr Fell?

a) Weil sie schwitzt.
b) Weil sie nervös ist.
c) Sie tut es instinktiv.

236. Wie weit ist das Schnauben eines Pferdes zu hören?

a) Auf 20 m Entfernung.
b) Auf 50 m Entfernung
c) Auf 100 m Entfernung.

237. Können Pferde schwimmen?

a) Ja, von Natur aus.
b) Nein, aber sie können es lernen.
c) Nein, sie lernen es auch nicht.

238. Wie viele Arten des Wieherns gibt es?

a) Nur eine Art.
b) Zwei Arten.
c) Mehrere Arten.

239. Welches Pferd übernimmt in der Herde die Führung?

a) Das körperlich stärkste.
b) Das mit dem größten Selbstbewusstsein.
c) Das mit dem größten Selbstbewusstsein und körperlich stärkste.

240. Wie nennt man das Schiefhalten des Kopfes?

a) Neigen.
b) Verwerfen.
c) Verziehen.

241. Was ist das allerwichtigste in der Beziehung zwischen Mensch und Pferd?

a) Die Rangordnung.
b) Das Vertrauen.
c) Die Disziplin.

242. Wie führt man ein neues Pferd der Herde zu?

a) Man stellt es gleich zu den anderen auf die Weide.
b) Man grenzt einen Teil der Weide für das neue Pferd ab.
c) Man führt das Pferd zur Herde und bleibt eine Weile dort.

243. Wie lange trinkt ein Fohlen Muttermilch?

a) 3 Monate.
b) 6 Monate.
c) 1 Jahr.

244. Wie signalisiert ein Pferd, dass es den Kampf aufgibt?

a) Es legt sich hin.
b) Es dreht sich weg und läuft davon.
c) Es wiehert.

245. Wer ergreift die Initiative beim Fellkraulen?

a) Das ranghöhere Tier.
b) Das rangniedrigere Tier.
c) Mal das eine, mal das andere.

246. Wie zeigen Pferde ihre Abscheu?

a) Sie blähen die Nüstern.
b) Sie rümpfen die Nüstern.
c) Sie legen die Ohren an.

247. Was zeigt, dass ein Pferd aufmerksam ist?

a) Angelegte Ohren.
b) Steil aufgerichtete Ohren.
c) Sich hin und her bewegende Ohren.

248. Wie lautet der Kernsatz von Monty Roberts, dem berühmten Pferdeflüsterer?

a) Der Mensch muss Herr über das Pferd sein.
b) Der Mensch ist nicht Herr über das Pferd, sondern sein Partner.
c) Der Mensch muss sich dem Pferd unterordnen.

249. Wo beginnen die Pferde mit dem Kraulen?

a) Bei der Mähne.
b) Bei den Schultern.
c) Beim Schweifansatz.

250. Wie signalisiert das Pferd seinem Artgenossen Unterlegenheit?

a) Es senkt den Kopf.
b) Es legt die Ohren an.
c) Es winkelt die Ohren seitlich ab.

251. Wo lassen sich handscheue Pferde besonders ungern berühren?

a) An den Beinen.
b) Am Kopf.
c) Am Bauch.

252. Was macht ein Pferd, bevor es sich wälzt?

a) Es dreht sich im Kreis.
b) Es prüft den Boden.
c) Es schüttelt sich.

253. Wie sagt ein Pferd: „Du bist stärker"?

a) Es senkt den Kopf.
b) Es senkt den Schweif.
c) Es tritt ein paar Schritte zurück.

254. Wer führt die Herde?

a) Ein Hengst.
b) Eine Stute.
c) Keiner.

255. Sind Pferde lautempfindlich?

a) Ja.
b) Nicht besonders.
c) Nein.

256. Welche Pferde wiehern häufiger?

a) Pferde in baumreichen Regionen.
b) Pferd in Steppen- und Sumpfgebieten.
c) Pferde im Stall.

257. Was weist darauf hin, dass ein Rennpferd verbotenerweise Medikamente erhalten hat?

a) Glasige Augen.
b) Heftiges Atmen.
c) Eine unnatürliche Ohrenstellung.

258. Wie stehen Pferde auf?

a) Mit den Hinterbeinen zuerst.
b) Mit den Vorderbeinen zuerst.
c) Mal so, mal so.

259. Reagieren Pferde auch auf die Laute anderer Tiere?

a) Ja.
b) Nicht auf alle.
c) Nein.

260. Woran erkennt man, worauf das Pferd seine Aufmerksamkeit richtet?

a) An der Blickrichtung.
b) An der Ausrichtung des Körpers.
c) An den Ohren.

261. Wann nähert sich ein Pferd einem anderen, fremden Pferd?

a) Wenn das andere Pferd mit dem Schweif schlägt.
b) Wenn die Ohren des anderen Pferdes nach vorne zeigen.
c) Wenn das andere Pferd schnaubt.

262. Was bezeichnet man als „pullen"?

a) Das Pferd schaukelt im Galopp.
b) Das Pferd versucht sich der Hand des Reiters zu entziehen.
c) Das Pferd zeigt die Zähne.

263. Was sagen angelegte Ohren?

a) „Komm her!"
b) „Du interessierst mich nicht!"
c) „Hau ab!"

264. Warum halten Winnetou & Co. den Pferden die Nüstern zu?

a) Um sie zu betäuben.
b) Um sie am Schnauben zu hindern.
c) Um zu verhindern, dass sie ihren Geruch aufnehmen.

265. Unterscheiden sich die Stimmen der Pferde?

a) Ja.
b) Nein, nur Fohlen haben höhere Stimmen.
c) Nein.

266. Wer darf die Stuten der Herde decken?

a) Jeder Hengst, der will.
b) Nur ausgewachsene Hengste.
c) Nur der Leithengst.

267. Welches Pferd beißt im Kampf eher?

a) Das schwächere.
b) Das stärkere.
c) Beide, je nach Gelegenheit.

268. Wann „weiß" ein Fohlen, dass es ein Pferd ist?

a) Ein paar Tage nach der Geburt.
b) Nach etwa 2 Monaten.
c) Nach einem halben Jahr.

269. Kann das Pferd Schmerzenslaute von sich geben?

a) Ja, viele.
b) Nur wenige.
c) Nein, keine.

270. Was sagt eine Stute, wenn sie schrill quiekt?

a) Achtung, Gefahr.
b) Ich bin noch nicht paarungsbereit.
c) Komm meinem Fohlen nicht zu nahe.

271. Welchen Begriff sollte man auf Pferde nicht anwenden?

a) Instinkt.
b) Untugend.
c) Verhaltensstörung.

272. Warum beißen Pferde ins Gitter ihrer Box?

a) Weil sie Futter wollen.
b) Weil sie wütend sind.
c) Weil sie erregt sind.

273. Wie verhalten sich trächtige Stuten in der Herde?

a) Sie suchen die Nähe anderer Stuten.
b) Sie sind den anderen gegenüber zurückhaltend bis ablehnend.
c) Sie verhalten sich wie immer.

274. Wie oft sollte ein Pferd gefüttert werden?

a) 1-mal pro Tag eine größere Menge.
b) 2-mal pro Tag.
c) Mehrfach kleinere Mengen.

275. Warum strecken manche Pferde die Zunge raus?

a) Weil sie Durst haben.
b) Weil sie den Geschmack des Mundstücks nicht mögen.
c) Weil der Reiter das Gebiss falsch anwendet.

276. Wie bringt die Stute ihr Fohlen zur Welt?

a) Auf der Seite liegend.
b) Kniend.
c) Stehend.

277. Was bezeichnet man als „Zackeln"?

a) Das Pferd tänzelt auf der Stelle.
b) Das Pferd ruckt im Maul, um sich der Führung des Reiters zu entziehen.
c) Das Pferd trabt im Schritt immer wieder an.

278. Was kommt in freier Natur nicht vor?

a) Futterneid.
b) Scheuen.
c) Spielen.

279. Bei welchem Wiehern sind nur die oberen Schneidezähne entblößt?

a) Beim Kontaktwiehern.
b) Beim aggressiven Hengstwiehern.
c) Beim Mutterwiehern.

280. Warum heben Pferde ein Hinterbein an?

a) Sie wollen es entlasten.
b) Es tut ihnen weh.
c) Sie drohen.

281. Warum nähern sich Pferde mit lang gestrecktem Hals?

a) Um den Geruch des anderen aufzunehmen.
b) Um sich genauer zu betrachten.
c) Aus Vorsicht vor einer Attacke.

282. Warum schluckt ein Pferd Luft?

a) Weil es Atembeschwerden hat.
b) Weil es sich langweilt.
c) Weil es auf sich aufmerksam machen will.

283. Wie oft trinkt ein Fohlen am Tag Muttermilch?

a) 10–20-mal.
b) 20–30-mal.
c) 40–50-mal.

284. Wie lernen Pferde sich kennen?

a) Sie beschnuppern einander.
b) Sie belecken sich.
c) Sie pusten sich gegenseitig in die Nüstern.

285. Sollte man ein Pferd strafen?

a) Ja, auf jeden Fall.
b) Nur in wenigen Fällen.
c) Auf keinen Fall.

286. Warum wählen Pferde ihr Futter so sorgsam aus?

a) Weil sie nicht erbrechen können.
b) Weil sie eine empfindliche Zunge haben.
c) Weil sie wählerisch sind.

287. Warum hält die Stute nach der Geburt Abstand zu den Artgenossen?

a) Um das Fohlen vor den wilden Jungtieren zu schützen.
b) Weil das Fohlen seine Mutter erst richtig kennen lernen muss.
c) Weil sie in dieser Zeit nicht vom Hengst bedrängt werden will.

288. Was macht ein Pferd, das „klebt"?

a) Es hebt die Beine nicht, klebt quasi am Boden.
b) Es lässt sich nicht aus der Box wegführen.
c) Es sucht ständig den Körperkontakt zu Artgenossen.

289. Was kann man gegen das Koppen, das Luftschlucken, tun?

a) Das Pferd bestrafen, sobald es koppt.
b) Dem Pferd genügend zu trinken geben.
c) Für eine andere Unterbringung des Pferdes sorgen.

290. Wer trabt in der Mehrzahl der Fälle der Herde hinterher?

a) Die Jungtiere.
b) Der Hengst.
c) Die Stuten.

291. Wann fletscht ein Pferd mit den Zähnen?

a) Wenn es erstmals droht.
b) Wenn es seine Drohung steigert.
c) Wenn es kämpft.

292. Was versteht man unter Stallmut?

a) Das Pferd ist nur im Stall selbstsicher.
b) Der mutigste Reiter im Stall wird ausgezeichnet.
c) Im Pferd hat sich Bewegungsdrang angestaut.

293. Warum jagen sich Pferde beim Spiel nicht von hinten?

a) Weil sie abkürzen wollen.
b) Weil der Artgenosse sie dann nicht sieht.
c) Weil sie nicht getreten werden wollen.

294. Warum sollte das Fohlen mit Artgenossen aufwachsen?

a) Damit es genug Bewegung hat.
b) Damit es sich nicht langweilt.
c) Damit es lernt, wie ein Pferd sich verhält.

295. Wofür war der Deckhengst Little Cloud berühmt-berüchtigt?

a) Er hat sich nicht mit den anderen Hengsten vertragen.
b) Er lehnte graue Stuten ab.
c) Er wollte den Stall nie verlassen.

296. Wann ist das Pferd aktiv?

a) Am Tag.
b) In der Nacht.
c) Am Tag und in der Nacht.

297. Welche Verhaltensweise ist beim Pferd aggressiver?

a) Beißen.
b) Rempeln.
c) Treten.

298. Warum wälzen sich Pferde?

a) Aus Bewegungsdrang.
b) Zur Fellpflege.
c) Um das Gefühl des Sattels loszuwerden.

299. Was besagt ein hin- und herschlagender Schweif?

a) Mir geht es gut.
b) Etwas passt mir nicht.
c) Ich habe Angst.

300. Woran erkennt man die Intelligenz eines Pferdes?

a) Daran, wie unterwürfig es reagiert.
b) Daran, wie wirksam es sich dem Menschen widersetzen kann.
c) Daran, wie schnell es aus Erfahrungen lernt.

301. Wie lange darf ein Pferd maximal ohne Heu sein?

a) 3 Stunden.
b) 5 Stunden.
c) 7 Stunden.

302. Gibt es Freundschaft unter Pferden?

a) Ja.
b) Sehr selten.
c) Nein.

303. Warum kaut ein Pferd, ohne zu fressen?

a) Es entschuldigt sich.
b) Es hat Hunger.
c) Es hat Durst.

304. Wie versuchen Hengste, die Stute zu beeindrucken?

a) Sie demonstrieren ihre Schnelligkeit.
b) Sie richten den Hals hoch auf und biegen ihn.
c) Sie steigen.

305. Was sollte man tun, wenn das Pferd Aufmerksamkeit verlangt?

a) Sie ihm geben.
b) Es nicht beachten.
c) Das Pferd ausschimpfen.

306. Warum legen sich alte oder kranke Pferde nicht hin?

a) Weil sie Angst haben, nicht wieder aufstehen zu können.
b) Weil sie beim Hinlegen kein Bein entlasten können.
c) Weil sie bei Gefahr zu lange brauchen, um aufzustehen.

307. Wann paaren sich halbwilde oder wilde Pferde in der Regel?

a) Anfang März bis Ende April.
b) Anfang Mai bis Ende Juli.
c) Anfang August bis Ende September.

308. Riechen Pferde Angst?

a) Ja.
b) Nicht alle.
c) Nein.

309. Warum markieren Hengste den Kot oder Urin der Stuten?

a) Um den Stuten ihre Zuneigung zu zeigen.
b) Um zu zeigen: „Das sind meine Stuten!“
c) Weil sie den Stuten in allem folgen.

310. Wie verhält sich ein rangniedriges Pferd dem Menschen gegenüber?

a) Es ist eher ängstlicher.
b) Es ist ruhiger.
c) Es verhält sich genauso wie ein ranghöheres Pferd.

311. Wann hängt die Unterlippe des Pferdes nach unten?

a) Wenn es schläfrig ist.
b) Wenn es trotzig ist.
c) Wenn es unzufrieden ist.

312. Was bezeichnet Monty Roberts, der berühmte Pferdeflüsterer mit „join-up".

a) Die erste Kontaktaufnahme zwischen Mensch und Pferd.
b) Die Korrektur eines Problempferdes.
c) Das Pferd beginnt zu verhandeln.

313. Was macht GaWaNi Pony Boys Pferd?

a) Es kann rechnen.
b) Es folgt ihm über Treppen und in Aufzüge.
c) Es trägt ihn im Maul.

Alles Glück auf dem Rücken der Pferde

Das Pferd als Reittier

314. Kann das Pferd von Natur aus einen Reiter richtig tragen?

a) Ja.
b) Manches Pferd kann es, manches nicht.
c) Nein.

315. Um was für einen Takt handelt es sich beim Galopp?

a) Um einen Zweitakt.
b) Um einen Dreitakt.
c) Um einen Viertakt.

316. Was ist ein Zirkel?

a) Das Reiten eines Kreises von 6 m Durchmesser.
b) Das Reiten eines Kreises von 20 m Durchmesser.
c) Eine Übung beim Voltigieren.

317. Bei welcher Gangart sind immer drei Hufe auf dem Boden?

a) Beim Pass.
b) Beim Schritt.
c) Beim Trab.

318. Was ruft man vor Betreten der Reithalle?

a) „Alles aus der Bahn!“.
b) „Tür frei?“.
c) „Halle frei?“.

319. Für welches Spiel braucht man ein nervenstarkes Pferd?

a) Die Reise nach Jerusalem.
b) Speerlauf.
c) Stafettenlauf.

320. Was wird als Dreischlag bezeichnet?

a) Das Pferd schlägt vor der Reitstunde drei Mal mit dem Huf auf den Boden.
b) Das Pferd läuft mit den Hinterbeinen im Takt des Trabs, mit den Vorderbeinen im Galopp.
c) Das Pferd wechselt ständig zwischen Trab und Galopp.

321. Was ist eine Quadrille?

a) Ein für Pferde besonders lästiges Insekt.
b) Eine Art Formationstanz für Pferde.
c) Eine veraltete Bezeichnung für Vierfüßer.

322. Wo sollten unerfahrene Pferde bei einem Austritt gehen?

a) An der Spitze der Gruppe.
b) In der Mitte der Gruppe.
c) Am Ende der Gruppe.

323. Was sind Gymkhanas?

a) Gymnastik für das Pferd.
b) Ein Mehrkampf für Pferde.
c) Reiterspiele.

324. Wie nennt man die Verständigung zwischen Reiter und Pferd?

a) Einwirkungen.
b) Hilfen.
c) Zeichen.

325. Für wen wurde der Westernsattel entwickelt?

a) Für die Cowboys.
b) Für die Farmer.
c) Für die Soldaten.

326. Was ist eine Kardätsche?

a) Eine ovale Bürste.
b) Ein Striegel.
c) Eine Wasserbürste.

327. Wann sollte ein Pferd nicht gefüttert werden?

a) Am Abend.
b) Vor dem Bewegen.
c) Nach dem Bewegen.

328. Welche natürliche Hilfe wird oft vergessen?

a) Die Gewichtshilfe.
b) Die Schenkelhilfe.
c) Die Stimme.

329. Was macht man beim Absitzen zuerst?

a) Man stützt sich auf dem Pferdehals ab.
b) Man nimmt das rechte Bein aus dem Bügel.
c) Man nimmt beide Beine aus den Bügeln.

330. Ist der Trab oder der Pass die schnellere Gangart?

a) Der Pass.
b) Der Trab.
c) Es kommt aufs Pferd an.

331. Wann rutscht selbst einem Profi das Herz in die Hose?

a) Wenn das Pferd beißt.
b) Wenn das Pferd losjagt.
c) Wenn das Pferd steigt.

332. Welcher Reitstil ist die Grundlage für das heutige Westernreiten?

a) Der deutsche.
b) Der englische.
c) Der spanische.

333. Welche Hunde eignen sich nicht als Pferdebegleit-Hunde?

a) Hütehunde.
b) Jagdhunde.
c) Mischlinge.

334. Wie viele Tempos gibt es beim Galopp?

a) 3.
b) 4.
c) 5.

335. Wer hat in der Bahn „Vorfahrt"?

a) Rechts vor links.
b) Links vor rechts.
c) Der Langsamere.

336. Warum lässt sich ein Pferd beim Satteln hinfallen?

a) Weil es nicht arbeiten will.
b) Weil es unter Sattelzwang leidet.
c) Um den Reiter zu ärgern.

337. Wann kann ein Pferd nicht buckeln?

a) Wenn es steht.
b) Wenn sein Rücken gerade ist.
c) Wenn sein Rücken gewölbt ist.

338. Wie viele Gangarten gibt es?

a) 3.
b) 4.
c) 5.

339. Was ist beim Reiten das Wichtigste?

a) Eine gute Hand.
b) Ein guter Sitz.
c) Die richtige Zäumung.

340. Wie sollte man aufsitzen?

a) Selbstständig, vom Boden aus.
b) Von einer erhöhten Position aus.
c) Mit Hilfe eines anderen Reiters.

341. Worauf sollte man beim Satteln achten?

a) Dass der Gurt nicht an die Beine des Pferdes schlägt.
b) Dass man den Gurt stark genug anzieht.
c) Dass man den Sattel mit genug Schwung auf den Pferderücken hebt.

342. Wie kann man verhindern, dass ein Pferd scheut?

a) Man treibt das Pferd energisch vorwärts.
b) Man nimmt ein Führpferd mit.
c) Man spricht dem Pferd möglichst laut Mut zu.

343. Wie nennt man den festgelegten Weg in der Reithalle?

a) Bahn.
b) Hufschlag.
c) Zirkel.

344. Was muss man tun, wenn das Pferd geschwitzt hat?

a) Es in den Stall stellen.
b) Es trocken reiten oder führen.
c) Es abwaschen.

345. Was sollte man beim ersten Ausritt mit einem jungen Pferd tun?

a) Nur mit Scheuklappen ausreiten.
b) Erfahrene Pferde mitnehmen.
c) Möglichst auf viel benutzten Wegen reiten.

346. Was bezeichnet man mit hoher Aktion?

a) Das Pferd ist sehr aktiv.
b) Das Pferd nimmt die Beine sehr hoch.
c) Das Pferd hat ein sehr gutes Springvermögen.

347. Wann „klappt" das Gesäß des Reiters?

a) Beim schlechten Aussitzen.
b) Beim schlechten Leichttraben.
c) Beim Kontergalopp.

348. An welcher Stelle des Beines verschließt man die Bandage?

a) An der Außenseite.
b) An der Innenseite.
c) Je nach Bandage außen oder innen.

349. Was bezeichnet man als Beizäumung?

a) Einen Hilfszügel.
b) Einen zusätzlichen Zaun an der Weide.
c) Den gewölbten Hals mit fast senkrecht stehendem Kopf.

350. Wie kann man verhindern, dass das Pferd schlägt?

a) Man reitet das Pferd am langen Zügel.
b) Man reitet energisch vorwärts.
c) Man schlägt mit der Gerte immer wieder warnend auf die Hinterhand.

351. Wann soll man den Sattel „auswischen"?

a) Beim Springen.
b) Nach dem Ausritt.
c) Im Galopp.

352. Wozu dient der freie Schritt?

a) Zum Abschwitzen.
b) Zur entspannenden Belohnung.
c) Zum Aufwärmen der Muskulatur.

353. Was macht das Pferd im Kreuzgalopp?

a) Es spannt sein Kreuz an.
b) Es geht vorne Rechtsgalopp und hinten Linksgalopp oder umgekehrt.
c) Es trabt vorne und galoppiert hinten.

354. Was ist Freispringen?

a) Der Reiter kann die Reihenfolge der Sprünge frei wählen.
b) Springen auf einem Parcours im Freien.
c) Das Pferd springt ohne Reiter.

355. Was kann man tun, wenn das Pferd durchgeht?

a) Fest an den Zügeln ziehen.
b) Versuchen, einen Kreis zu reiten.
c) Versuchen, auf eine Mauer, Hecke oder Ähnliches zuzureiten.

356. Was kann bei einem Pferde-Begleithund zum Problem werden?

a) Dass er das Pferd hüten will.
b) Dass er mit dem Pferd spielen will.
c) Dass er mit dem Pferd um die Wette laufen will.

357. Was bezeichnet man mit „Abwarten"?

a) Die Geduld bei der Ausbildung des jungen Pferdes.
b) Das Warten, bevor man auf den Springplatz geht.
c) Die Pferdepflege nach der Arbeit.

358. Wie lang sollte der Steigbügelriemen sein?

a) So lang wie der ausgestreckte Arm des Reiters.
b) So lang wie der Unterarm des Reiters.
c) So lang wie der Unterschenkel des Reiters.

359. Wie viele Aufgaben gibt es bei der Gelassenheitsprüfung?

a) 6.
b) 10.
c) 12.

360. Was ist ein „falscher Knick"?

a) Ein Knick in der Wirbelsäule.
b) Der Kopf steht hinter der Senkrechten.
c) Ein Knick im Schweif.

361. Können Pferde Fußball spielen?

a) Ja.
b) Ja, aber nur ohne Torwart.
c) Nein.

362. Welche Angst lässt Pferde „einfrieren"?

a) Die Angst vor dem Alleinsein.
b) Die Angst vor dem Hänger.
c) Die Angst vor dem Tierarzt.

363. Was sind Cavalettis?

a) Besonders kleine Pferde.
b) Kleine Hindernisse.
c) Früchteriegel für Pferde.

364. Wozu dient die Gerte?

a) Zum Antreiben des Pferdes.
b) Zur Bestrafung des Pferdes.
c) Zur Unterstützung des Unterschenkels.

365. Was sind Hobbles?

a) Eine Art Fußfessel.
b) Ein Fertigfutter.
c) Pferde, die abgehackt traben.

366. Wie bezeichnet man den fairen Pferdesportler?

a) Fair Rider.
b) Horseman.
c) Pferdeflüsterer.

367. Wo beginnt und wo endet „Durch die ganze Bahn wechseln"?

a) Man beginnt bei A und endet bei C.
b) Man beginnt bei K und endet bei B.
c) Man beginnt bei K und endet bei M.

368. Welcher Gegenstand wird bei der Gelassenheitsprüfung eingesetzt?

a) Ein Ball.
b) Ein Drachen.
c) Ein Wasserschlauch.

369. Was verhindert der Hufschuh?

a) Das Ausrutschen des Pferdes.
b) Die Klumpenbildung des Schnees unter dem Huf.
c) Die Verschmutzung des Hufs.

370. Was ist, wenn man es bewusst macht, nicht falsch?

a) Das Aufstehen im Sattel im Schritt.
b) Der Kontergalopp.
c) Das Streifen der Hindernisstangen.

371. Warum hat der Sattel vorne eine Kammer?

a) Damit der Reiter sich im Notfall festhalten kann.
b) Damit die Feuchtigkeit durch den Pferdeschweiß unter dem Sattel nicht zu groß wird.
c) Damit der Widerrist Platz hat.

372. Welche Bezeichnung ist etwas widersinnig?

a) Jagdgalopp.
b) Leichter Sitz.
c) Versammlung.

373. Wo kann sich das Pferd nicht in eine Ecke stellen?

a) Auf dem Abreiteplatz.
b) Im Parcours.
c) Im Round Pen.

374. Was machen Pferde sehr ungern?

a) Im Kreis gehen.
b) Rückwärts gehen.
c) Hinter einem anderen Pferd herlaufen.

375. Was ist „Mash"?

a) Eine Bandage aus Leder.
b) Eine Salbe gegen Entzündungen.
c) Ein Futterbrei.

376. Was soll das Martingal, ein Hilfszügel, bewirken?

a) Es soll bewirken, dass das Pferd den Kopf runternimmt.
b) Es soll verhindern, dass das Pferd den Kopf hochwirft.
c) Es soll verhindern, dass das Pferd zu schnell wird.

377. Wann hebt man sich beim Leichttraben aus dem Sattel?

a) Bei jedem Trabtritt.
b) Bei jedem zweiten Trabtritt.
c) Bei jedem dritten Trabtritt.

378. Warum muss man den Sattel nachgurten?

a) Weil man vom Boden aus nicht so viel Kraft hat.
b) Weil sich der Brustkorb des Pferdes beim Anziehen des Gurtes aufbläht.
c) Weil der Gurt immer etwas nachgibt.

379. Welches Spiel eignet sich für verfressene Pferde?

a) Kartoffellauf.
b) Ringstechen.
c) Stockrennen.

380. Was ist ein Paddock?

a) Ein Auslauf für Pferde.
b) Eine besondere Box für kranke Pferde.
c) Ein runder, eingezäunter Trainingsplatz.

381. Was ist ein Panikhaken?

a) Ein Haken am Halfter, damit das Pferd nicht wegstürmt, wenn es Angst hat.
b) Ein Anbindehaken, den man mit einem kurzen, kräftigen Ruck öffnen kann.
c) Ein anderer Ausdruck für einen unkontrollierten Sprung aus Angst.

382. Bei welcher Gangart hat das Pferd keine Schwebephase?

a) Beim Galopp.
b) Beim Tölt.
c) Beim Trab.

383. Wie viel Weidefläche braucht ein Pferd ?

a) Mindestens 2.000 m^2.
b) Mindestens 4.000 m^2.
c) Mindestens 6.000 m^2.

384. Wer gilt als Begründer der Lehre von Pferd und Reiter?

a) Federico Caprilli.
b) Gustav Steinbrecht.
c) Xenophon.

385. Ist die Pferdelänge eine genaue Maßangabe?

a) Ja, eine ziemlich genaue.
b) Nein, sie ist nicht sehr genau.
c) Nur bei bestimmten Pferderassen.

386. Können Pferde Ski fahren?

a) Ja.
b) Nur die nordischen Rassen.
c) Nein.

387. Muss man auch im Gelände beim Leichttraben umsitzen?

a) Ja, ungefähr alle 200 m.
b) Ja, ungefähr alle 2000 m.
c) Nein.

388. Welche Auffassung vertrat der berühmte Tierarzt Gustav Steinbrecht?

a) Gehorsam entsteht durch Angst.
b) Man kann nur mit Hengsten arbeiten.
c) Dass ein gutes Pferd möglichst lange bei seiner Mutter bleiben muss.

389. Was sollte man beim Freizeitpferd bewerten?

a) Das äußere Erscheinungsbild.
b) Den Charakter.
c) Beides.

390. Was ist ein Rumpler?

a) Ein Pferd, das beim Springen die Stangen streift.
b) Ein Stolpern, bei dem das Pferd aber nicht stürzt.
c) Ein Pferd, das ständig gegen die Boxenwand tritt.

391. Wie kann man Scheuerstellen unter dem Gurt vermeiden?

a) Indem man die Vorderbeine des Pferdes nach dem Gurten nach vorne zieht.
b) Indem man den Gurt nach dem Festschnallen hin- und herschiebt.
c) Indem man den Gurt eincremt.

392. Was muss man beim Ringstechen tun?

a) Eine Lanze durch einen Ring schmeißen.
b) Mittels Lanze möglichst viele Ringe vom Boden aufheben.
c) Einen aufgehängten Ring herunterholen.

393. Was sind Robustpferde?

a) Besonders kräftig gebaute Pferde.
b) Pferde, die nichts aus der Ruhe bringt.
c) Besonders widerstandsfähige Pferde, die mit extremen Temperaturen zurechtkommen.

394. Wie heißt das Turnen am und auf dem Pferd?

a) Gymkhana.
b) Pferdeturnen.
c) Voltigieren.

395. Mit welchem Spiel kann man das Halten üben?

a) „Schwarzer Reiter“.
b) Der Stafettenlauf.
c) Das Stiefelrennen.

396. Wo soll der Sattel liegen?

a) In der Mitte des Rückens.
b) Etwas mehr auf der linken Seite des Pferdes.
c) Der tiefste Punkt des Sattels muss mit dem tiefsten Punkt des Pferderückens übereinstimmen.

397. Welcher Einstreu ist gut für Pferde mit Atembeschwerden?

a) Stroh.
b) Papierstreu.
c) Spänestreu.

398. Was bezeichnet man mit Schrittlänge?

a) Der Abstand zwischen den Abdrücken der Hufe beim Schritt.
b) Den Abstand zwischen zwei Abdrücken desselben Hufes.
c) Wie viele Stunden ein Pferd im Schritt gehen kann.

399. Welcher Sattel verteilt das Gewicht des Reiters am besten?

a) Der Vielseitigkeitssattel.
b) Der Trachtensattel.
c) Der Westernsattel.

400. Was enthält ein Leckstein?

a) Jod.
b) Salz.
c) Zucker.

401. Was bezeichnet man als starken Schritt?

a) Einen sehr schnellen Schritt.
b) Ein besonders starkes Auftreten des Pferdes.
c) Wenn die Hinterhufe deutlich über die Abdrücke der Vorderhufe hinausgehen.

402. Seit wann gibt es die halbe Parade?

a) Seit etwa 100 Jahren.
b) Seit etwa 250 Jahren.
c) Seit etwa 400 Jahren.

403. Ist die Dressurausbildung nur für Dressurpferde wichtig?

a) Ja.
b) Nein, auch für Springpferde.
c) Nein, sie ist für alle Pferde, die geritten werden, wichtig.

404. Wie pflegt man den Schweif?

a) Man bürstet ihn kräftig durch.
b) Man zupft die Haare auseinander.
c) Nur mit kaltem Wasser.

405. Wann muss das Pferd sehr schnell reagieren?

a) Beim Ausritt ins Gelände.
b) Beim fliegenden Galoppwechsel.
c) Beim der Fütterung.

406. Was ist ein Gewichtsträger?

a) Ein Rennpferd, das außer dem Reiter zusätzliches Gewicht tragen muss.
b) Ein Pferd, das weit über Normalgewicht wiegt.
c) Ein Warmblut, das schwere Reiter tragen kann.

407. Was ist eine Schabracke?

a) Ein abgemagertes Pferd.
b) Eine Satteldecke.
c) Eine Verzierung am Kopfzeug von Kutschpferden.

408. Galoppieren Pferde rückwärts?

a) Ja.
b) Nein, aber man kann es ihnen andressieren.
c) Nein.

409. Was passiert, wenn man das Kreuz anspannt?

a) Das Pferd wird schneller.
b) Das Pferd tritt stärker unter.
c) Das Pferd wird langsamer.

410. Wie verhält man sich auf der Straße?

a) Man steigt ab und führt die Pferde.
b) Man reitet hintereinander.
c) Man reitet nebeneinander.

411. Welche Erkenntnis ist noch nicht sehr alt?

a) Geländeritte tun gut.
b) Die Hinterhand ist der Motor.
c) Reite das Pferd vorwärts.

412. Was entspricht der artgerechten Haltung am ehesten?

a) Die Haltung in Boxen.
b) Die Haltung in Außenboxen.
c) Die Haltung im Offenstall.

413. Was ist grob und unsportlich?

a) Der Einsatz der Gerte.
b) Das Riegeln.
c) Der Einsatz von Sporen.

414. Wann geht das Pferd auf zwei Hufschlägen?

a) Beim Handwechsel.
b) Bei den Seitengängen.
c) Beim Zirkel.

415. Welche Übung scheint leicht, ist aber recht schwer?

a) Geradeausreiten.
b) Schlangenlinien reiten.
c) Auf dem Zirkel reiten.

416. Welche Tätigkeit hat mehr als einen Zweck?

a) Das Abreiten.
b) Das Füttern.
c) Das Putzen.

417. Was sollte jeder Reiter und Pferdebesitzer kennen?

a) Die Leistungsprüfungsordnung (LPO).
b) Das Bundesseuchengesetz.
c) Das deutsche Tierschutzgesetz.

418. Wie führt man ein Pferd?

a) Links vom Pferd, rechte Hand am Führstrick, das Ende des Führstricks in der linken Hand.
b) Rechts vom Pferd, linke Hand am Führstrick, das Ende des Führstricks in der rechten Hand.
c) Links vom Pferd, linke Hand am Führstrick, das Ende des Führstricks in der rechten Hand.

419. Sollte man beim Putzen Handschuhe tragen?

a) Ja.
b) Nur beim Auskratzen der Hufe.
c) Nein.

420. Wann kann man ein Pferd anreiten?

a) Ab 2 Jahren.
b) Ab 4 Jahren.
c) Das kommt auf die Rasse an.

421. Was ist die Futtergrundlage im Winter?

a) Vor allem frische Möhren.
b) Raufutter.
c) Saftfutter.

422. Wozu dient das Hufeisen vor allem?

a) Zum Schutz der Hufe.
b) Um die Abnutzung des Hufhorns zu verhindern.
c) Damit das Pferd fest auftreten kann.

423. Was empfiehlt sich bei einem Pferd mit Bauch?

a) Ein extrem breiter Gurt.
b) Ein Doppelgurt.
c) Ein Schweifriemen.

424. Was macht man nach dem Absatteln?

a) Das Pferd in den Stall stellen.
b) Das Pferd striegeln.
c) Die Sattellage untersuchen.

425. Worauf wirken gebisslose Zäumungen ein?

a) Auf die Lippen.
b) Auf die Nase.
c) Auf die Stirn.

426. Welche Pferde kann man im Offenstall halten?

a) Alle Pferde.
b) Alle außer Vollblütern.
c) Nur Robustpferde.

427. Was sollte man nach einem Sturz vom Pferd tun?

a) Sofort wieder aufsitzen.
b) Das Pferd erst mal eine Weile führen.
c) Das Pferd bestrafen.

428. Was ist ein Gangpferd?

a) Ein Pferd, mit dem man besonders gut spazieren gehen kann.
b) Ein Pferd, das mehr als Schritt, Trab und Galopp beherrscht.
c) Ein Pferd, das sich zum Fahren gut eignet.

429. Auf welcher Seite reitet man auf der Straße?

a) Auf der linken.
b) Auf der rechten.
c) Auf der Seite, wo mehr Platz ist.

430. Auf welchen Wegen darf man nicht reiten?

a) Auf Wegen, die mit einem rotumrandeten Schild mit Reiter gekennzeichnet sind.
b) Auf Feldwegen.
c) Auf dreieckigen rotumrandeten Schildern mit einer abgebildeten Kuh.

431. Wie nennt sich die Dressurvorführung von zwei Reitern?

a) Duo.
b) Doppeldressur.
c) Pas de Deux.

432. Wann bleibt eine Zügelhilfe wirkungslos?

a) Wenn sie nicht energisch genug gegeben wird.
b) Wenn sie allein, ohne andere Hilfen erfolgt.
c) Wenn sie zu hart erfolgt.

433. Welche Haltung „fördert" Verhaltensstörungen?

a) Die Boxenhaltung
b) Die Gruppen-Laufstall-Haltung.
c) Die Ständerhaltung.

434. Ab wann ist man in der Lage, Hilfen richtig zu geben?

a) Wenn man weiß, welche Hilfen man dem Pferd geben kann.
b) Wenn man 50 Reitstunden hatte.
c) Wenn man beim Sitzen nicht mehr auf Bügel und Zügel angewiesen ist.

435. Wie spielt man zu Pferd die Reise nach Jerusalem?

a) Statt Stühle zu besetzen, muss man schnell in eine Box kommen.
b) Wenn die Musik aussetzt, muss man sich schnell ein Pferd ergattern.
c) Im Prinzip genauso, nur muss man schnell vom Pferd auf einen Stuhl kommen.

436. Was darf auch auf der Weide nicht fehlen?

a) Eine Anbindemöglichkeit.
b) Ein Salzleckstein.
c) Eine Wassertränke.

437. Welchen Takt hat der Renngalopp?

a) Einen Zweitakt.
b) Einen Dreitakt.
c) Einen Viertakt.

438. Nach Ausführung welcher Hufschlagfigur reitet man in die entgegengesetzte Richtung?

a) Aus der Ecke kehrt.
b) Durch die Länge der Bahn geritten.
c) Volte.

439. Wieso funktionieren Gewichtshilfen?

a) Weil das Pferd versucht, wieder ins Gleichgewicht zu kommen.
b) Weil das Pferd Druck verspürt.
c) Weil das Gewicht das Pferd in eine Richtung schiebt.

440. Welche Haltung ist in 5 Bundesländern verboten?

a) Die Boxenhaltung.
b) Die Außenboxenhaltung.
c) Die Ständerhaltung.

Ob Polizei, ob Zirkus

441. Welche spektakuläre Nummer führte Zirkuspferd Gazi vor?

a) Er ritt auf einem Elefanten.
b) Er ging durch die Beine einer Giraffe.
c) Er zog den Korken aus einer Sektflasche.

442. Wie viele Kilometer legte der Pony-Express pro Tag zurück?

a) 160 km.
b) 320 km.
c) 460 km.

443. Was ist ein Gardian?

a) Der berittene Rinderhirte in Südfrankreich.
b) Der berittene Rinderhirte in Südamerika.
c) Ein englischer Pferdepfleger.

444. Wie nennt man die Arbeit der Pferde im Wald?

a) Holzrücken.
b) Holzschleppen.
c) Holzziehen.

445. Wer wird in den USA gern als Filmpferd eingesetzt?

a) Das American Saddlebred.
b) Der Palomino.
c) Das Quarter Horse.

446. Welches Pferd begleitete den Sarg von Astrid Lindgren?

a) Ein brauner Hengst.
b) Ein schwarzer Hengst.
c) Ein weißer Hengst.

447. Seit wann gibt es in Großbritannien öffentliche Verkehrsmittel?

a) Seit dem 14. Jahrhundert.
b) Seit dem 16. Jahrhundert.
c) Seit dem 17. Jahrhundert.

448. Was war Mr Ed, das sprechende Pferd?

a) Ein Pinto.
b) Ein Palomino.
c) Ein Tigerschecke.

449. Warum findet in Giershagen einmal im Jahr eine Pferdeprozession statt?

a) Weil die Giershagener nicht gerne zu Fuß gehen.
b) Weil in Giershagen einmal ein Kind von einem Pferd gerettet wurde.
c) Weil die Giershagener ein Gelübde einhalten.

450. Was schenkte die berittene Polizei Kanadas der Königin von England?

a) Einen weißen Hengst.
b) Einen braunen Wallach.
c) Eine schwarze Stute.

451. Was kann zum Ausschluss des Pferdes von der Jagd führen?

a) Wenn es nach Artgenossen tritt.
b) Wenn es einen Hund überrennt oder nach ihm tritt.
c) Wenn es beim Halali in Panik gerät.

452. Welchen Rekord stellte der Amerikaner James Robinson auf?

a) Er machte auf dem Rücken eines galoppierenden Pferdes 2 Minuten einen Handstand.
b) Er schlug 23 Saltos auf dem Rücken eines Pferdes.
c) Er drehte auf dem Rücken eines galoppierenden Pferdes 10 Pirouetten.

453. Wird in Deutschland Pferdefleisch gegessen?

a) Ja.
b) Ja, aber wenig.
c) Nein.

454. Wo ruhten Grubenpferde aus?

a) In Ställen untertage.
b) In Ställen übertage.
c) Auf Weiden.

455. Welche Insel ist die „Insel der Zugpferde"?

a) Juist.
b) Norderney.
c) Sylt.

456. Welche Pferde sollten regelmäßig „Korrektur" geritten werden?

a) Dressurpferde.
b) Schulpferde.
c) Zirkuspferde.

457. In welchem Alter ging das dienstälteste Polizeipferd in Rente?

a) Mit 18 Jahren.
b) Mit 23 Jahren.
c) Mit 28 Jahren.

458. Wie groß waren die Wagenpferde um 1850?

a) Maximal 150 cm.
b) Maximal 160 cm.
c) Maximal 170 cm.

459. Wie lange trainierten die Pferde für das Wagenrennen im Hollywood-Film „Ben Hur"?

a) 1 Monat.
b) 3 Monate.
c) 6 Monate.

460. Wie viele Pferde hatte Dschingis Khans Heer?

a) 4.000.
b) 50.000.
c) 4–5 Millionen.

461. Wie heißt der dunkelhäutige Rinderhirte?

a) Buckaroo.
b) Cowboy.
c) Vaquero.

462. Wo dürfen Cowboys nicht mit Sporen durchs Hotel laufen?

a) In Arizona.
b) In Colorado.
c) In Utah.

463. Warum kommen in Asterix und Obelix kaum Pferde vor?

a) Weil Uderzo sie nicht zeichnen konnte.
b) Weil Cäsars Reiter nur als Boten und zur Unterstützung der Fußsoldaten eingesetzt wurden.
c) Weil Julius Cäsar eine Allergie gegen Pferde hatte.

464. Welche Arbeit leisteten die Treidelpferde?

a) Sie fuhren die Ernte vom Feld.
b) Sie zogen Schiffe stromaufwärts.
c) Sie zogen Brauereiwagen.

465. Wo werden Packponys auch heute noch eingesetzt?

a) Auf Inseln.
b) In Sümpfen.
c) In unwegsamen, bergigem Gelände.

466. Was fand man im Grab des Kaisers Qin Shi Huang?

a) Mumifizierte Pferde.
b) Knochen von 100 Pferden.
c) 500 Pferdefiguren aus Terrakotta.

467. Wie wird die berittene Armee genannt?

a) Kavalkade.
b) Kavallerie.
c) Rosserie.

468. Was gilt in Japan als Glücksbringer?

a) Ein geflochtener Schweif über der Tür.
b) Ein Hufeisen über der Tür.
c) Ein Pferdekopf über der Tür.

469. Welche Pferderasse verdankt der Werbung ihre Existenz?

a) Die Freiberger.
b) Die Jütländer.
c) Die Schleswiger.

470. Wo werden vor allem Robustrassen eingesetzt?

a) In der Landwirtschaft.
b) Bei der Erhaltung offener Landschaften.
c) Bei Polizeieinsätzen.

471. Was muss ein Polizeipferd vor allem lernen?

a) Bleiben, statt zu fliehen.
b) Menschen freundlich zu begegnen.
c) Spuren aufzunehmen und zu verfolgen.

472. Wie zog man anfangs Lasten mit dem Pferd?

a) Mit der Stangenschleife.
b) Mit dem Karren.
c) Mit einer Art Schlitten.

473. Welche Zirkusfamilie ist berühmt für ihre Pferdedressur?

a) Barum.
b) Knie.
c) Roncalli.

474. Was fürchteten Cowboy und Pferd mehr als alles andere?

a) Einen Indianerüberfall.
b) Einen Kälteeinbruch.
c) Eine Stampede.

475. Was ist ein Kentaur?

a) Ein sagenhaftes Pferd mit Flügeln.
b) Ein Wesen, halb Mensch, halb Pferd.
c) Ein Pferd mit einem spitzen Horn auf der Stirn.

476. Welches Filmpferd war stubenrein?

a) Beauty.
b) Champion.
c) Trigger.

477. Was nervte die Londoner Ende des 19. Jahrhunderts?

a) Der Lärm der Pferdekutschen.
b) Die Pferdeäpfel auf den Straßen.
c) Die Rowdys unter den Kutschern.

478. Wann starb das letzte Grubenpferd?

a) 1947.
b) 1958.
c) 1969.

479. Ist die Zirkus-Pferdedressur Tierquälerei?

a) Ja.
b) Nein.
c) Manchmal ja, manchmal nein.

480. Welche Herde schneeweißer Pferde wurde als heilig verehrt?

a) Die Herde Mohammeds.
b) Die Herde Kublai Khans.
c) Die Herde Hannibals.

481. Kann ein Polizeipferd ein erfolgreicher Sportler sein?

a) Ja.
b) Ja, aber nicht in den höchsten Leistungsstufen.
c) Nein.

482. Wann begann die große Zeit der Cowboys?

a) 1823.
b) 1850.
c) 1866.

483. Was nahm der Kavallerie ihre Überlegenheit?

a) Die Erfindung des Schießpulvers.
b) Die Erfindung des Motors.
c) Der Einsatz von Kanonen.

484. Wie viele Fahrgäste hatten im Berliner Pferdeomnibus Platz?

a) 15.
b) 25.
c) 35.

485. Welche Pferde sind zum Jagdreiten zugelassen?

a) Alle Pferde und Ponys.
b) Nur Pferde, keine Ponys.
c) Nur Warm- und Vollblüter.

486. Welches Gespann benutzte man, um zur Jagd zu fahren?

a) Einen Einspänner.
b) Ein Tandem.
c) Ein Random.

487. Wie wurden die Pferde der Ritter geschützt?

a) Gar nicht.
b) Mit einer Ledermaske.
c) Mit einem Pferdeharnisch.

488. Wie viele Pferde benötigte man für die Rolle des Kinofilms „Seabiscuit"?

a) 2.
b) 5.
c) 10.

489. Wie grüßt ein Pferd auf spanisch?

a) Es hebt ein Vorderbein und streckt es weit vor.
b) Es streckt ein Vorderbein vor und senkt den Kopf.
c) Es streckt beide Vorderbeine vor und senkt den Kopf.

490. Woran litten Grubenpferde besonders stark?

a) An Augenleiden.
b) An Räude.
c) An einer Steinstaublunge.

491. Wie viele Pferde sind nötig, um ein Schiff mit 50 t Last zu ziehen?

a) 10 Pferde.
b) 20 Pferde.
c) 40 Pferde.

492. Was transportierten die Ponys auf den Shetlandinseln?

a) Blei.
b) Erlegtes Wild.
c) Torf.

493. Was konnte Mr Ed?

a) Walzer tanzen.
b) Nachrichten mit einem Bleistift schreiben.
c) Die Zeitung holen.

494. Wie nennt man den Stierkämpfer zu Pferd?

a) Guardian.
b) Rejoneador.
c) Torrero.

495. Wie wird das Wiener Pferdetaxi genannt?

a) Fiaker.
b) Rikscha.
c) Wiener.

496. Fuhr die Pferdeeisenbahn auf Schienen?

a) Ja.
b) Nein, sie fuhr auf einer Sandbahn.
c) Nein, sie fuhr auf der Straße.

497. Welche Last kann ein Rückepferd ziehen?

a) 150–250 kg.
b) 350–450 kg.
c) 550–650 kg.

498. Kann jedes Pferd ein Stuntpferd sein?

a) Ja.
b) Nicht jedes, aber viele sind dazu in der Lage.
c) Nur wenige.

499. Welche Gefahr bestand für die Zugpferde von Schiffen?

a) Dass die Zugseile rissen, zurückschlugen und sie verletzten.
b) Dass das Schiff zur Strommitte abgetrieben wurde.
c) Dass sie sich völlig überanstrengten.

500. Welches bekannte Pferd arbeitete als Zugpferd von Schiffen?

a) Old Billy, das älteste Pferd.
b) Beauty.
c) Tango Duke.

501. Wie viele deutsche Pferde mussten in den 1. Weltkrieg ziehen?

a) Etwa 700.000.
b) Etwa 1.400.000.
c) Etwa 2.500.000.

502. Wann traten Pferde erstmals im Zirkus auf?

a) Im 17. Jahrhundert.
b) Im 18. Jahrhundert.
c) Im 19. Jahrhundert.

503. Wird auf deutschen Reitjagden Wild gejagt?

a) Ja, und zwar auf jeder.
b) Ja, aber nur noch auf wenigen mit Ausnahmegenehmigung.
c) Nein, das ist verboten.

504. Was bekam ein Indianer im Tauschhandel gegen ein Pferd?

a) Ein Paar Mokassins.
b) Einen Schild.
c) Einen Sattel.

505. Welche Berühmtheit ging am Ende seines Lebens zum Zirkus?

a) Buffalo Bill.
b) Crazy Horse.
c) Charlie Chaplin.

506. Was ist „Hippotherapie"?

a) Heilpädagogisches Reiten.
b) Eine Therapie für nervöse Pferde.
c) Ein Bereich der Krankengymnastik.

507. Wo lag der Geschwindigkeitsrekord von Postkutschen?

a) Bei 23 km/h.
b) Bei 34 km/h.
c) Bei 42 km/h.

508. Was macht ein Rückepferd, wenn es an einen Graben kommt?

a) Es umgeht ihn und macht einen Umweg.
b) Es durchquert ihn.
c) Es springt drüber.

509. Wie lange dauerten die Filmaufnahmen des Wagenrennens in „Ben Hur"?

a) 2 Wochen.
b) 1 Monat.
c) 3 Monate.

510. Wie lange dauert die Ausbildung des Polizeipferdes?

a) 6 Monate.
b) 12 Monate.
c) 24 Monate.

511. Welches ist der schwierigste Stunt für Pferde?

a) Das Trickreiten.
b) Der Sturz.
c) Das Reiten durch eine Feuerwand.

512. Welche Jagd findet mit Hundemeute statt?

a) Die Fuchsjagd.
b) Die Schleppjagd.
c) Die Schnitzeljagd.

513. Wer wird bei der Fuchsjagd gejagt?

a) Ein richtiger Fuchs.
b) Die künstliche Spur eines Fuchses.
c) Ein Reiter mit Fuchsschwanz.

514. Welche Erfindung ermöglichte das Ziehen schwerer Lasten?

a) Die Deichsel
b) Das Kummet.
c) Die Scherbäume.

515. Hat die Bundeswehr noch Pferde?

a) Nein.
b) Ja, es gibt noch eine Pferdeeinheit.
c) Ja, sehr viele sogar.

516. Was macht die Übung „Kompliment" schwierig?

a) Das Pferd muss etwas Unnatürliches tun.
b) Das Pferd nimmt eine Haltung ein, die auch bei Rangkämpfen vorkommt.
c) Das Pferd hat seine Nase nicht gern am Boden.

517. Was bedeutet Pferdestärke (= PS)?

a) Die Kraft, die ein Pferd hat.
b) Die Kraft, die 10 Pferde haben.
c) Die Kraft, die ein Gewicht von 75 kg in 1 Sekunde 1 m hochheben kann.

518. Was müssen die Wiener Fiaker-Pferde tragen?

a) Hufschuhe.
b) Scheuklappen.
c) Windeln.

519. Wie fangen die Mongolen die Junghengste?

a) Mit einem Lasso wie die Cowboys.
b) Mit langen Stangen und mit Fangzäunen.
c) Sie kreisen sie langsam ein.

520. Warum wurde das Pferd trotz Eisenbahn noch gebraucht?

a) Weil die Eisenbahn nur Personen beförderte.
b) Weil viele Menschen der neuen Technik nicht trauten.
c) Weil die Waren vom Bahnhof in die Dörfer und Städte gefahren werden mussten.

521. Wer darf auf der Jagd nicht überholt werden?

a) Der Master.
b) Die Meute.
c) Die Piköre.

522. Wann dürfen die Fiaker fahren?

a) Jederzeit, Tag und Nacht.
b) Nur von 7-23 Uhr.
c) Nur von 9-19 Uhr.

523. Welche Lektion ist schwieriger als der „steigende Hengst"?

a) Wenn der Hengst zusätzlich mit den Vorderbeinen schlägt.
b) Wenn der Hengst zusätzlich kleine Sprünge vorwärts macht.
c) Wenn der Hengst steigend dem Dresseur durch die Manage folgt.

524. Können Behinderte reiten?

a) Ja.
b) Ja, fast alle.
c) Nein.

525. Was war das Trojanische Pferd?

a) Das Pferd der Trojaner.
b) Eine List der Trojaner.
c) Eine List der Griechen.

526. Wem hilft der Criollo bei der Arbeit?

a) Den Butteris.
b) Den Gauchos.
c) Den Gardians.

527. Welche Vorführung bezeichnet man als „Bergziege"?

a) Das Pferd steht mit den Vorderbeinen auf einem Podest.
b) Vorder- und Hinterbeine berühren sich beinahe.
c) Das Pferd läuft die Zuschauertribüne hinauf.

528. Wie lange dauerte das Auswechseln der Postkutschenpferde?

a) 3 Minuten.
b) 5 Minuten.
c) 10 Minuten.

529. Welchen Nutzen hatten die Pferde für die Pueblo-Indianer?

a) Sie waren Lasttiere.
b) Sie waren Reittiere.
c) Sie waren Tauschware.

530. Wie heißt der Roman, der von einem Kutschenpferd handelt?

a) Black Beauty.
b) Fury.
c) Mein Hengst Rih.

531. In welchen Filmszenen wird das Trickreiten benötigt?

a) Bei Brandszenen.
b) Bei Kampfszenen.
c) Bei Jagdszenen.

532. Was ist ein Pegasus?

a) Ein Pferd mit Flügeln.
b) Ein Sternbild.
c) Ein Schutzheiliger des Pferdes.

533. Wann muss das Pferd größtes Vertrauen zum Menschen haben?

a) Wenn es sich hinlegt.
b) Wenn es sich „hinkniet".
c) Wenn es sich verbeugt.

534. Wer schleppte bei den Indianern die Lasten, als sie noch keine Pferde hatten?

a) Die Frauen.
b) Die jungen Männer.
c) Die Hunde.

535. Welcher Zirkus besitzt ein Seniorenheim für seine Pferde?

a) Zirkus Knie.
b) Zirkus Krone.
c) Zirkus Roncalli.

536. Wer „erfand“ die Kavallerie?

a) Die Ägypter.
b) Die Assyrer.
c) Die Hyksos.

537. Wie viel war die Arbeit des Pferdes Ende des 19. Jahrhunderts wert?

a) 2 Taler pro Tag.
b) 3 Taler pro Tag.
c) 6 Taler pro Tag.

538. Was machte ein Staubschutzwagen?

a) Er bespritzte die Gehwege im Sommer.
b) Er fegte die Straße.
c) Er holte den Müll ab.

539. Was kann ein Pferd nicht allein tragen?

a) Das Gepäck.
b) Den Packsattel.
c) Die Sänfte.

540. Welcher Reiter kann den Sprung durchs offene Fenster wagen?

a) Keiner.
b) Ein Stuntman.
c) Lucky Luke.

541. Was tat Buffalo Bill als 14-Jähriger?

a) Er jagte Büffel.
b) Er war Kurierreiter.
c) Er war Hilfssheriff.

542. Auf welcher Strecke wurden Fahrpferde oft ausgewechselt?

a) Auf der Strecke München—Ulm.
b) Auf der Strecke Paris—Lyon.
c) Auf der Strecke Basel—Mailand.

543. Wie wurden die Berliner Kutschpferde untergebracht?

a) In Kellergewölben.
b) In mehrstöckigen Gebäuden.
c) In Stallungen am Bahnhof.

544. Was ist ein Drugstore Cowboy?

a) Eine Art Vorarbeiter, der den anderen Cowboys sagt, was sie zu tun haben.
b) Ein Cowboy in Rente, der von vergangenen Zeiten erzählt.
c) Einer, der nur so tut, als sei er ein Cowboy.

545. Wer entwarf die erste Straßenkutsche?

a) Die Engländer.
b) Die Franzosen.
c) Die Ungarn.

546. Wozu kann man das Blut der Pferde nutzen?

a) Zur Herstellung von Blutwurst.
b) Zur Herstellung von Dünger.
c) Zur Herstellung von Schlangenserum.

547. Ist es gefährlicher, eine Kuh oder ein Pferd zu melken?

a) Eine Kuh.
b) Ein Pferd.
c) Es ist beides gefährlich.

548. Wie reisten die Menschen im Mittelalter oft?

a) Sie fuhren mit der Kutsche.
b) Sie benutzten die Pferdeeisenbahn.
c) Sie ritten zu zweit auf einem Pferd.

549. Welche Pferde werden mit Westernsattel klassisch geritten?

a) Viele Freizeitpferde, weil die Besitzer den Sattel bequemer finden.
b) Die Pferde der Karl-May-Festspiele in Bad Segeberg.
c) Die Polizeipferde.

550. Warum trugen die Postkutschenpferde Schellenbänder?

a) Damit die Reisenden wussten, dass die Postkutsche naht.
b) Damit die Menschen auf der Straße aufmerksam wurden und aufpassten.
c) Es war reiner Schmuck.

Athlet, Akrobat und Tänzer

551. Welches Rennpferd gewann seine Rennen in der Zielgeraden?

a) Ribot.
b) Seabiscuit.
c) Ticino.

552. Welchen Sport betrieben in der Antike nur mutige Männer?

a) Horseball.
b) Polo.
c) Voltigieren.

553. Wie groß ist die Reitbahn für die höhere Dressur?

a) 20 x 40 m.
b) 20 x 60 m.
c) 30 x 90 m.

554. Welches Pferd darf auf keinen Fall kitzelig sein?

a) Das Dressurpferd.
b) Das Westernpferd.
c) Das Voltigierpferd.

555. Wer erlief mehr als 4 Millionen Dollar Preisgeld ?

a) Ein Hengst.
b) Eine Stute.
c) Ein Wallach.

556. Welche Winkelung des Sprunggelenks ist für ein Dressurpferd optimal?

a) 120 Grad.
b) 130 Grad.
c) 140 Grad.

557. Wann wird ein Traber disqualifiziert?

a) Wenn er den Kopf zu hoch nimmt.
b) Wenn er mehr als zwei andere Pferde überholt.
c) Wenn er zum Beispiel mehr als 30 m galoppiert.

558. Wie lange lernt ein Hengst der Spanischen Hofreitschule?

a) 3 Jahre.
b) 5 Jahre.
c) 8 Jahre.

559. Wozu dient eine Springpferdeprüfung?

a) Um festzustellen, ob ein Pferd in seiner Ausbildung zum Springpferd auf dem richtigen Weg ist.
b) Um das Sprungvermögen eines Pferdes zu erkennen.
c) Als Test, ob ein Pferd zu M- und S-Springen zugelassen werden kann.

560. Wann bestreitet ein Traber sein erstes Rennen?

a) Als 2-Jähriger.
b) Als 3-Jähriger.
c) Als 5-Jähriger.

561. Wo wird durch ein Stangen-U rückwärtsgerichtet?

a) Beim Trail.
b) Beim Western Horsemanship.
c) Beim Western Pleasure.

562. Wo liegt der Rekord im Seitsattelspringen?

a) Bei 1,74 m.
b) Bei 1,87 m.
c) Bei 1,98 m.

563. Wann fand das erste gerittene Rennen statt?

a) Vor Christi Geburt.
b) Im ersten Jahrtausend nach Christi Geburt.
c) Im 19. Jahrhundert.

564. Welche Übung ist eine Vorbereitung für die Pirouette?

a) Die Passade.
b) Die Traversale.
c) Die Volte.

565. Ab wann darf ein Pferd an Distanzritten teilnehmen?

a) Ab 4 Jahre.
b) Ab 5 Jahre.
c) Ab 6 Jahre.

566. Woraus bestehen Ball und Schläger beim Polo?

a) Aus Bambus.
b) Aus Holz.
c) Aus Sisal.

567. An welchem Punkt wird in das Dressurviereck eingeritten?

a) Bei A.
b) Bei C.
c) Bei X.

568. Wie lange können Traber Rennen fahren?

a) Bis 5 Jahre.
b) Bis 8 Jahre.
c) Bis 10 Jahre.

569. Welche Übung ist keine Pflichtübung beim Voltigieren?

a) Rolle.
b) Schere.
c) Stehen.

570. Was ist ein Random?

a) Ein Dreigespann, bei dem die Pferde nebeneinander laufen.
b) Ein Dreigespann, bei dem die Pferde hintereinander laufen.
c) Ein Dreigespann, bei dem ein Pferd vorne läuft und ein Paar dahinter.

571. Wird beim Voltigieren auch das Pferd benotet?

a) Ja.
b) Nur bei deutschen Meisterschaften.
c) Nein.

572. Was beendete die Stute Nereïde auf dem Derby 1936?

a) Ihre Galopper-Karriere.
b) Die sieglose Zeit der Stuten.
c) Ihre Erfolgserie.

573. Welcher Distanzritt hat eine Tempobegrenzung?

a) Der Einführungsritt.
b) Der kurze Distanzritt.
c) Der mittlere Distanzritt.

574. Welcher Pferdesport war nur ein einziges Mal olympische Disziplin?

a) Distanzreiten.
b) Vielseitigkeit.
c) Voltigieren.

575. Wie nennt man das Traben auf der Stelle?

a) Passage.
b) Piaffe.
c) Trippeln.

576. Was ist eine Zwei-Pferde-Prüfung?

a) Zwei Reiter springen gemeinsam einen Parcours.
b) Ein Reiter springt nacheinander mit zwei verschiedenen Pferden einen Parcours.
c) Zwei Reiter springen nacheinander mit demselben Pferd einen Parcours.

577. Wie alt muss ein Voltigierpferd sein?

a) Mindestens 4 Jahre.
b) Mindestens 6 Jahre.
c) Mindestens 8 Jahre.

578. Bei welcher Disziplin darf der Reiter keine Hilfen geben?

a) Beim Cutting
b) Beim Reining.
c) Beim Western Pleasure.

579. Was versteht man unter einem Barockpferd?

a) Ein quadratisch gebautes Pferd.
b) Ein langgliedriges Pferd.
c) Ein rechteckiges Pferd.

580. Was ist auf deutschen Turnierplätzen verboten?

a) Barren.
b) Rädchensporen.
c) Riegeln.

581. Welchen Schwierigkeitsgrad hat der Prix St. Georges?

a) Den niedrigsten.
b) Den mittelschweren.
c) Den höchsten.

582. Wie leicht kann ein Rennsattel sein?

a) Etwa 450 g.
b) Etwa 300 g.
c) Etwa 200 g.

583. Wie weit müssen die Kegel beim Hindernisfahren auseinander stehen?

a) Doppelt so breit wie die Spurbreite der Hinterräder.
b) Die Spurbreite der Hinterräder + 30 cm.
c) Mindestens 3 m.

584. Was ist eine Kapriole?

a) Ein weiter Sprung mit erhobener Vorhand.
b) Eine Drehung auf der Hinterhand mit gehobenen Vorderbeinen.
c) Ein Sprung in die Luft, bei dem das Pferd am höchsten Punkt kräftig nach hinten ausschlägt, sodass die Hinterbeine einen Moment gestreckt sind.

585. Was nennt man „Geläuf"?

a) Die Beine des Rennpferdes.
b) Den Boden der Galopprennbahn.
c) Die Trainingsbahn der Galopper.

586. Wie reitet man im Westernstil?

a) Mit losen Zügeln.
b) Ohne Sattel.
c) Mit Turnschuhen.

587. Was war Galopper Citation?

a) Ein Flieger.
b) Ein Steher.
c) Ein Allrounder.

588. Was war das Rodeo ursprünglich?

a) Ein Volksfest.
b) Ein großer Viehtreck.
c) Das Zusammentreiben der Rinder.

589. In welcher Gangart gehen die Pferde beim Distanzreiten am häufigsten?

a) Im Schritt.
b) Im Trab.
c) Im Galopp.

590. Wie hoch waren Oxer und Rick vor 100 Jahren?

a) Maximal 800 cm hoch.
b) Maximal 1,20 m hoch.
c) Maximal 1,50 m hoch.

591. Wie lange muss der Voltigierer auf dem Pferd stehen?

a) Mindestens 3 Galoppsprünge.
b) Mindestens 5 Galoppsprünge.
c) Eine ganze Runde.

592. Ab welchem Alter darf ein Pferd an S-Springen teilnehmen?

a) Ab 3 Jahren.
b) Ab 6 Jahren.
c) Ab 8 Jahren.

593. In welcher Sportart werden die Pferde ausgelost?

a) Beim Distanzreiten.
b) Beim modernen Fünfkampf.
c) Beim Horseball.

594. Wobei darf man die Anstrengung des Reiters nicht sehen?

a) Beim Superhorse.
b) Beim Western Pleasure.
c) Beim Western Riding.

595. Wie werden Renn- und Turnierreiterinnen genannt?

a) Amazonen.
b) Athletinnen.
c) Princess of horse.

596. In welcher Richtung laufen die Pferde auf deutschen Rennbahnen?

a) Links herum.
b) Rechts herum.
c) Sowohl links als auch rechts herum.

597. Wie hoch kann ein Pferd springen?

a) Über 2 m.
b) Über 2,20 m.
c) Über 2,40 m.

598. Zu welchem Bereich gehört der Begriff „Schaukel"?

a) Zur Dressur.
b) Zum Springen.
c) Zur Vielseitigkeit.

599. Wo sprangen Pferde über eine Theke?

a) Bei einem Showreiten beim CHIO Aachen.
b) Bei einer Military Veranstaltung in Luhmühlen.
c) In einem Western mit John Wayne.

600. Welches ist der längste und schwerste Spring-Parcours?

a) CSIO Rotterdam.
b) Spring Derby Hamburg Klein Flottbek.
c) Großer Preis von Aachen (CHIO).

601. Welche Pferde werden bei Galopprennen eingesetzt?

a) Warmblüter.
b) Vollblüter.
c) Halbblüter.

602. Wie heißt die Mannschaftsübung des Westernreitens?

a) Team Cutting.
b) Team Penning.
c) Team Riding.

603. Was erhöht die Chancengleichheit beim Galopprennen?

a) Es starten nur gleichaltrige Pferde gegeneinander.
b) Es starten nur Hengste oder nur Stuten gegeneinander.
c) Es gibt einen Gewichtsausgleich.

604. Wo kann man die „Schule über der Erde" sehen?

a) In den schweren internationalen Dressurprüfungen, den Grand Prix.
b) In verschiedenen nationalen Reitschulen.
c) Nur noch in 3 nationalen Reitschulen.

605. Wie lang ist die zu bewältigende Strecke beim Distanzreiten maximal?

a) 160 km.
b) 200 km.
c) 250 km.

606. Wie viele klassische Rennen gibt es in Deutschland?

a) 3.
b) 5.
c) 8.

607. Wann wurde das erste Wagenrennen gefahren?

a) 680 v. Chr.
b) 100 v. Chr.
c) Im 19. Jahrhundert.

608. Welchen „Trick" beherrscht manches Fahrpferd?

a) Zu hinken, um Müdigkeit vorzutäuschen.
b) Die Leine zu fangen.
c) Im Gehen zu schlafen.

609. Bei welcher Lektion braucht man keine Schenkelhilfen?

a) Beim Zirkelreiten.
b) Bei den Schlangenlinien.
c) Bei den Lektionen am langen Zügel.

610. In welcher Gangart trainiert ein Rennpferd die meiste Zeit?

a) Im Schritt.
b) Im Trab.
c) Im Galopp.

611. Welche Personen sind beim Polo nicht zugelassen?

a) Frauen.
b) Linkshänder.
c) Personen, die mehr als 100 kg wiegen.

612. Wie viele Voltigierer dürfen höchstens auf dem Pferd sein?

a) 2.
b) 3.
c) 4.

613. Welches Rennen wird als Derby bezeichnet?

a) Das Rennen für 3-jährige Stuten und Hengste über eine Distanz von 3000 m.
b) Das Rennen für 3-jährige Stuten und Hengste über eine Distanz von 2400 m.
c) Das Rennen für 2-jährige Stuten und Hengste über eine Distanz von 1200 m.

614. Werden Trabrennen nur mit Sulky gefahren?

a) Ja.
b) Nein, auch mit Kutschen.
c) Nein, auch mit Schlitten.

615. Wie oft darf ein Land den Preis der Nationen ausrichten?

a) 1-mal im Jahr.
b) 3-mal im Jahr.
c) So oft es will.

616. Wo findet mitten in der Stadt ein Pferderennen statt?

a) In Hamburg.
b) In Paris.
c) In Siena.

617. Auf welchem Untergrund werden Trabrennen gefahren?

a) Auf Rasen.
b) Auf Sand.
c) Auf Asphalt, der mit Sand, Schotter oder Rasennarben bedeckt ist.

618. *Wer siegte im allerersten Derby?*

a) Diomed.
b) Kincsem.
c) Man O'War.

619. *Wie heißt die Garage für Kutschen?*

a) Kutscherhaus.
b) Kutschkasten.
c) Remise.

620. *Wie ist die Abfolge beim Hindernis „Pulvermanns Grab"?*

a) Leichtes Gefälle – Wassergraben – steiler Anstieg.
b) 1,20 m hohes Rick – leichtes Gefälle – Wassergraben.
c) Steilsprung – tiefer gelegener Wassergraben – leichte Steigung – 1,20 m hoher Aussprung.

621. *Um welche Gangart handelt es sich beim „Jog"?*

a) Um Schritt.
b) Um Trab.
c) Um Galopp.

622. *Wie lang sind Kaltblutrennen?*

a) 400 m.
b) 800 m.
c) Es gibt keine Kaltblutrennen.

623. Was ist ein „Führring"?

a) Ein Ring am Zaumzeug, an dem ein Führstrick befestigt werden kann.
b) Ein Ring am Fahrgeschirr, durch den die Leinen geführt werden.
c) Ein runder Platz, auf dem die Pferde dem Publikum vor dem Rennen vorgestellt werden.

624. Dürfen alle Gespanne an der Vielseitigkeitsprüfung teilnehmen?

a) Ja.
b) Nein, nur bis zum Sechsspänner.
c) Nein, nur Zwei- und Vierspänner.

625. Wie wird beim Trabrennen Chancengleichheit hergestellt.

a) Durch zusätzliches Gewicht.
b) Durch eine längere Rennstrecke.
c) Es wird kein Ausgleich geschaffen.

626. Wie lange dauert die Ausbildung zum Jockey?

a) 3,5 Jahre.
b) 3 Jahre.
c) 2,5 Jahre.

627. Was kostete das bisher teuerste Vollblut-Fohlen?

a) 420.000 Euro.
b) 850.000 Euro.
c) 1,7 Millionen Euro.

628. Wie nennt sich die Vielseitigkeit des Westernreitens?

a) Allroundhorse.
b) Bighorse.
c) Superhorse.

629. Welche Gangart ist in der Dressur des Fahrsports nicht erlaubt?

a) Schritt.
b) Trab.
c) Galopp.

630. In welchem Rennen starten nur Stuten?

a) Im Deutschen Derby.
b) Im Preis der Diana.
c) Beim Deutschen St. Leger.

631. Wie heißt das „Gesetzbuch" des deutschen Turniersports?

a) Leistungsprüfungsordnung.
b) Prüfungsordnung für Reiter und Pferde.
c) Turnierordnung.

632. Welches Pferd ist für das Polospiel nicht geeignet?

a) Ein kleines Pferd.
b) Ein eigenwilliges Pferd.
c) Ein Pferd, das Körperkontakt meidet.

633. Welches Pferd schlägt auf der Viertelmeile Vollblüter?

a) Der Achal-Tekkiner.
b) Der Hannoveraner.
c) Das Quarter Horse.

634. Was ist eine Reitklappe?

a) Eine mobile Toilette für Turniere.
b) Eine ausklappbare Tür im Pferdanhänger.
c) Eine Peitsche im Galoppsport.

635. Was ist ein Steher?

a) Ein Pferd, das lieber steht, als geht.
b) Ein Pferd, das schnell über lange Distanzen gehen kann.
c) Ein Pferd, das langsam, aber ausdauernd ist.

636. Wie nennt man den Rennwagen im Trabsport?

a) Buggy.
b) Landauer.
c) Sulky.

637. Was ist Reining?

a) Eine Rennform der Westernreiter.
b) Die Dressur der Westernreiter.
c) Eine spezielle Zäumung beim Westernreiten.

638. Wie viele Teile hat der 2. Tag der großen Vielseitigkeit?

a) 2.
b) 3.
c) 4.

639. Wie viele Wettbewerbe gibt es beim Rodeo?

a) 5.
b) 6.
c) 7.

640. Wer trägt schwarze Uniformen?

a) Die Reiter der Cadre Noir.
b) Die Reiter der Wiener Hofreitschule.
c) Die Reiter der Escuala Andaluza.

641. Wie viele Meter legt ein Rennpferd pro Sprungbewegung zurück?

a) Etwa 3 m.
b) Etwa 4,5 m.
c) Etwa 6 m.

642. Was ist ein „Roll-Back"?

a) Eine 360-Grad-Drehung.
b) Eine 180-Grad-Drehung auf der Vorhand.
c) Eine 180-Grad-Drehung auf der Hinterhand.

643. Wann muss das Pferd nach dem Distanzritt zum Tierarzt?

a) Spätestens nach 15 Minuten.
b) Spätestens nach 20 Minuten.
c) Spätestens nach 30 Minuten.

644. Was ist Horseball?

a) Handball zu Pferde.
b) Korbball zu Pferde.
c) Fußball für Pferde.

645. Welcher Sattel wird oft im Pferdsport eingesetzt?

a) Der Pritschensattel.
b) Der Trachtensattel.
c) Der Vielseitigkeitssattel.

646. Werden Traber auch geritten?

a) Ja, fast in jedem Land.
b) Ja, aber nur in wenigen Ländern.
c) Nein.

647. Wie viele Pferde gehören zur Ungarischen Post?

a) 2.
b) 3.
c) 5.

648. Wer erfand den heutigen Springsitz?

a) Frederico Caprilli.
b) Illias Toptani.
c) Hans Günter Winkler.

649. Wie schnell können Kaltblüter laufen?

a) Etwa 20 km/h.
b) Etwa 35 km/h.
c) Etwa 45 km/h.

650. Wo steht der Weltrekord im Fahren?

a) 7 Pferde voreinander gespannt.
b) 8 Pferde voreinander gespannt.
c) 9 Pferde voreinander gespannt.

651. Wie weit sprang Caprilli mit seinem neuen Stil?

a) 5,10 m.
b) 6,60 m.
c) 7,40 m.

652. Womit endet jedes Mächtigkeitsspringen?

a) Mit der Mauer.
b) Mit einem Oxer.
c) Mit einem Rick.

653. Welches ist das längste Jagdrennen?

a) Das Grand National Steeplechase.
b) Das Pardubitzer Steeplechase.
c) Das Grand Steeplechase von Paris.

654. Aus wie vielen Spielern besteht eine Polo-Mannschaft?

a) 3.
b) 5.
c) 6.

655. Auf welche Rennpferde kann nicht gewettet werden?

a) Pferde, die weniger als 20 Siege zu verbuchen haben.
b) Pferde, die unzuverlässig sind.
c) Pferde, die verletzt waren.

656. Wie groß ist der Durchmesser des Korbes beim Horseball?

a) 35 cm.
b) 60 cm.
c) 1 m.

657. Welcher Traber lief als Erster die Meile unter 2 Minuten?

a) Dahlia.
b) Lou Dillon.
c) Nevel Pride.

658. In welchem Wettbewerb kämpfen Schwergewichte gegeneinander?

a) Beim Horseball.
b) Beim Horsepulling.
c) Beim Steer Wrestling.

659. Was schaffte Budjonny-Hengst Santos?

a) Er fand über 1.000 km in seinen Heimatstall zurück.
b) Er legte 1.800 km in 15 Tagen zurück.
c) Er überlebte bei minus 30 Grad Celsius.

660. Über welche Distanz ging das größte Rennen aller Zeiten?

a) Über 2.500 km.
b) Über 4.000 km.
c) Über 6.000 km.

661. Ab welchem Alter dürfen Pferde Horseball spielen?

a) Ab 4 Jahre.
b) Ab 6 Jahre.
c) Ab 8 Jahre.

662. Wie viele Disziplinen gibt es im Fahrsport?

a) 3.
b) 4.
c) 5.

663. Was zeichnete Ticino aus?

a) Er war ein sehr guter Steher.
b) Er war ein sehr guter Flieger.
c) Er war ein sehr guter Vererber.

664. Was gehörte zur olympischen Dressurprüfung 1912?

a) Eine Verbeugung des Pferdes am Schluss der Prüfung.
b) Eine Quadrille für die Mannschaftswertung.
c) Eine Walze, die übersprungen werden musste.

665. Zu welcher Sportart gehört ein Orientierungsritt?

a) Zum Distanzreiten.
b) Zum Trec-Wanderreiten.
c) Zur Vielseitigkeit.

666. Ist beim Polo ein Pferdewechsel erlaubt?

a) Nein.
b) Ja, aber nur nach der Pause.
c) Jederzeit.

667. Was schaffte „Wunderstute" Kincsem?

a) Sie wurde immer Zweite.
b) Sie siegte nur gegen Hengste, nie gegen Stuten.
c) Sie gewann als 2-, 3-, 4- und 5-Jährige.

668. Wann darf ein Horseball-Spieler auf den Korb werfen?

a) Jederzeit.
b) Wenn zuvor mindestens 3 Pässe gespielt worden sind.
c) Wenn er sich in der gegnerischen Hälfte befindet.

669. Ab wann spricht man von Mehrspännern?

a) Gespanne ab 2 Pferden.
b) Gespanne ab 4 Pferden.
c) Gespanne ab 8 Pferden.

670. Wie viele Frauen gewannen bisher ein Rennen im Breeders Cup?

a) Noch keine.
b) Eine.
c) Drei.

671. Welcher Derby-Sieger wurde entführt?

a) Man O'War.
b) Shergar.
c) Ticino.

672. Was benötigt ein Reining-Pferd?

a) Einen speziellen Hufbeschlag.
b) Eine spezielle Satteldecke.
c) Eine spezielle Zäumung.

673. Welches Problem taucht häufig beim Einfahren auf?

a) Das Geschirr irritiert die jungen Pferde.
b) Der Krach des Wagens ängstigt sie.
c) Sie verwechseln rechts und links.

674. Bei welcher Lektion macht das Pferd viele Sprünge?

a) Beim Einerwechsel.
b) Bei der Passage.
c) Bei der Travasale.

675. Was sind Distanzritte oder –fahrten?

a) Ausdauerwettbewerbe.
b) Schnelligkeitswettbewerbe.
c) Geschicklichkeitswettbewerbe.

676. Welches Hindernis ist ein Hochweitsprung?

a) Die Mauer.
b) Das Rick.
c) Die Triplebarre.

677. Warum kürzten die Dressurreiter bei den olympischen Spielen 1924 ab?

a) Sie protestierten damit gegen die parteiischen Richter.
b) Sie waren in Zeitnot.
c) Es war schon dunkel, die Richter sahen sowieso nichts mehr.

678. Welches Gespann ist gleichzeitig im Trab und im Galopp?

a) Das Einhorn.
b) Die Quadriga.
c) Die Troika.

679. Wie wird das Jagdrennen auch bezeichnet?

a) Hunting.
b) Steeplechase.
c) Stoppeljagd.

680. Welcher Distanzritt gilt als der härteste der Welt?

a) Das Europa Championat
b) Der Bodensee Ritt.
c) Der Tevis Cup.

681. Seit wann gibt es das Polospiel?

a) Seit über 2.000 Jahren.
b) Seit Mitte des 19. Jahrhunderts.
c) Seit knapp 10 Jahren.

682. Kann man auch mit Ponys Westernreiten?

a) Ja.
b) Nicht mit allen.
c) Nein.

683. Wer war der Kleine unter den großen Galoppern?

a) Goldfever.
b) Ribot.
c) Ticino.

684. Wer entwickelte die heutige Art des Fahrens?

a) Benno von Achenbach.
b) James Fillis.
c) Xenohon.

685. In welcher Western-Disziplin wird der Reiter beurteilt?

a) Beim Reining.
b) Beim Trail.
c) Beim Western Horsemanship.

686. Wie überwindet man die Hindernisse beim Geländefahren?

a) Man fährt durch sie hindurch.
b) Man fährt über sie hinweg.
c) Man fährt an ihnen vorbei.

687. Welche Rekordsumme erlief Dahlia?

a) Über 1 Million Dollar.
b) Über 1,5 Millionen Dollar.
c) Über 2,5 Millionen Dollar.

688. Hebt das Pferd nur beim Springen ab?

a) Ja.
b) Fast nur, aber manchmal auch in der Dressur.
c) Nein.

689. Ist das Wegdrängen des Gegners beim Horseball erlaubt?

a) Ja.
b) Ja, aber nur in einem bestimmten Winkel.
c) Nein.

690. Was machten die schwedischen Dressurreiter 1948?

a) Sie vergaßen, ihre Pferde mit zu den olympischen Spielen zu nehmen.
b) Sie schummelten bei der olympischen Dressur.
c) Sie malten ihre Pferde gelb und blau an.

691. Wo geht das Handpferd eines Gespanns?

a) Links von der Deichsel.
b) Rechts von der Deichsel.
c) Neben dem Wagen.

692. Ist ein Pferd erst nach einer „Weile" im Ziel, heißt das:

a) Es hat mit 1 Pferdelänge Abstand verloren.
b) Es hat mit 5 Pferdelängen Abstand verloren.
c) Es hat mit mehr als 10 Pferdelängen Abstand verloren.

693. Ab wann darf man an Distanzfahrten teilnehmen?

a) Ab 12 Jahre.
b) Ab 14 Jahre.
c) Ab 16 Jahre.

694. Wann berühren die Vorderhufe fast die Ellenbogen?

a) Bei der Ballotade.
b) Bei der Levade.
c) Beim Springen.

695. Wer gewann „The Great American Horse Race"?

a) Ein Araber.
b) Ein Maultier.
c) Ein Quarter Horse.

696. Was ist der verlängerte Arm des Fahrers?

a) Die Peitsche.
b) Die Stimme.
c) Die Zügel.

697. Seit wann dürfen Frauen um Dressurgold kämpfen?

a) Seit 1924.
b) Seit 1936.
c) Seit 1952.

698. Welche Rennen werden oft kritisiert?

a) Die Flachrennen.
b) Die Hindernisrennen.
c) Die Hürdenrennen.

699. Was bedeutet 10-Tage-Sperre?

a) Ein Pferd, das nach einem Distanzritt als reituntauglich eingestuft wurde, darf in den darauf folgenden 10 Tagen bei keinem Distanzritt starten.
b) Ein Polopferd, das in einem Spiel beißt, darf in den darauf folgenden 10 Tagen kein Spiel bestreiten.
c) Ein Spieler, der sein Pferd beißt, darf in den darauf folgenden 10 Tagen kein Spiel bestreiten.

700. Welche Lektion reitet man im Schritt oder im Galopp?

a) Die Levade.
b) Die Piaffe.
c) Die Pirouette.

701. Wo überspringt man 1 m hohe Hürden aus Reisig?

a) Beim Hindernisrennen.
b) Beim Hürdenrennen.
c) Beim Trekking.

702. Wer schaffte die Distanz von 311,6 km in 24 Stunden?

a) Ein Achal-Tekkiner.
b) Ein Budjonny.
c) Ein Don.

703. Was sind Blinkers?

a) Abstandhalter, die am Sattel befestigt werden und die Autofahrer zwingen, großräumiger zu überholen.
b) Reflektierende Bandagen für Nachtritte.
c) Scheuklappen.

704. Was ist der Rittigkeitstest des Wanderreitens?

a) Galopp so langsam und Schritt so schnell wie möglich.
b) Galopp so schnell und Schritt so langsam wie möglich.
c) Trab so langsam und Schritt so schnell wie möglich.

705. Bei welcher Lektion springt das Pferd auf der Hinterhand?

a) Bei der Courbette.
b) Bei der Levade.
c) Bei der Passage.

706. Warum ist das Hindernis „Becher's Brook" so schwierig?

a) Weil es sehr hoch ist.
b) Weil der Einsprung höher liegt als die Landestelle.
c) Weil der Einsprung tiefer liegt als die Landestelle.

707. Wer unternahm den bekanntesten Dauerritt der Geschichte?

a) König Karl XII. von Schweden.
b) Prinz Charles.
c) Peter der Große.

708. Wofür steht „CCI"?

a) Kleine Vielseitigkeitsprüfung.
b) Lange Vielseitigkeitsprüfung.
c) Superschwere Vielseitigkeitsprüfung.

709. Sollte ein Springpferd eher unempfindliche Beine haben?

a) Ja.
b) Ob empfindlich oder unempfindlich spielt keine Rolle.
c) Nein.

710. Welche Rennen heißen Verkaufsrennen?

a) Rennen, die den möglichen Käufern die Hengste und Stuten vorführen.
b) Rennen, in deren Anschluss das Siegerpferd versteigert wird.
c) Rennen, in denen der gewonnene Pokal versteigert wird.

711. Was ist das Besondere an der Achenbach-Fahrleine?

a) Sie ist elastisch.
b) Sie kann vom Bock aus verschnallt werden.
c) Sie verheddert sich nicht.

712. Wofür verwendete man den Begriff „Eulennest"?

a) Für ein Hindernis im Fahren.
b) Für einen Sprung in der Vielseitigkeit.
c) Für eine Trail-Aufgabe.

713. Mit wem ersprang sich Mariles 1948 Gold?

a) Mit einem einäugigen Pferd.
b) Mit einem ständig buckelnden Pferd.
c) Mit einem Wildpferd.

714. Gibt es Distanzpferde-Zuchten?

a) Ja.
b) Ja, aber nicht in Deutschland.
c) Nein.

715. Warum versanken Vielseitigkeitsreiter in den Fluten?

a) Aus einem Bach wurde ein reißender Strom.
b) Ein Damm brach.
c) Die Strecke war falsch ausgesteckt und endete unter einem Wasserfall.

716. Wann untersucht der Tierarzt 2 Mal?

a) Bei Einführungsritten.
b) Bei mittellangen Distanzritten.
c) Bei langen Distanzritten.

717. Wie viele Reiter „besiegten" das Rodeopferd Steamboat?

a) 1.
b) 2.
c) 4.

718. Wie oft siegte der erfolgreichste Traber?

a) 170-mal.
b) 240-mal.
c) 350-mal.

719. Wie stehen die Tonnen beim Barrel Race?

a) Hintereinander.
b) Im Dreieck.
c) Im Viereck.

720. Welche Hindernisse darf man umreiten?

a) Die Hindernisse beim Geländeritt der Vielseitigkeit.
b) Die Hindernisse beim Geländeritt des Wanderreitens.
c) Die Hindernisse der Geländefahrt.

721. Welche Farbe müssen die Fahrleinen haben?

a) Sie müssen der Fellfarbe der Pferde angepasst werden.
b) Sie müssen braun sein, damit sie nicht an den Handschuhen des Fahrers abfärben.
c) Sie müssen verschiedene Farben haben, damit der Fahrer sie bei vier Pferden auseinander halten kann.

722. Was sind „Spins"?

a) 180-Grad-Wendungen auf der Hinterhand.
b) Mehrere Kehrtwendungen hintereinander.
c) Schnelle 360-Grad-Drehungen.

723. Welches Hindernis einer Vielseitigkeitsprüfung empörte die Zuschauer?

a) Betonröhren.
b) Ein Müllwall.
c) Stacheldrahtrollen.

724. Wer ist amerikanischer Galopper des Jahrhunderts?

a) Nevele Pride.
b) Man O'War.
c) Rusty.

725. Wie groß war der kleinste Sieger des Grand National?

a) 149 cm.
b) 151 cm.
c) 154 cm.

726. Bei welchem Hindernis hatte selbst Caprilli Rückenlage?

a) Bei der Hängebrücke.
b) Beim Steilhang.
c) Bei der Wippe.

727. Was erschwert das Springen in der Vielseitigkeit?

a) Die Pferde sind vom Geländeritt müde.
b) Die Pferde nehmen die beweglichen, leicht fallenden Stangen nicht so ernst.
c) Die Pferde reagieren nach dem Geländeritt auf die vielen Farben und den Lärm aggressiv.

728. Welches ist das höchstdotierte Pferderennen weltweit?

a) Das Derby.
b) Der Dubai World Cup
c) Der Prix de l'Arc de Triomphe.

729. Wie nennt man die Vielseitigkeitsreiter noch?

a) Buschreiter.
b) Crossies.
c) Querbeter.

730. Wie alt war das älteste Pferd, das je ein Rennen gewann?

a) 15 Jahre.
b) 18 Jahre.
c) 21 Jahre.

731. Was führt in der Vielseitigkeit sofort zum Ausschluss?

a) Zweites Verweigern.
b) Sturz vom Pferd.
c) Reiten in falscher Reihenfolge.

732. Welche Weite übersprang ein Pferd bisher?

a) 7,9 m.
b) 8,4 m.
c) 9,1 m.

733. Wie groß ist das Polo-Spielfeld?

a) So groß wie ein Handballfeld.
b) So groß wie ein Fußballfeld.
c) Größer als ein Fußballfeld.

734. Wie schnell fuhren vor 200 Jahren Gespanne die Strecke Berlin—München?

a) In 25 Stunden und 11 Minuten.
b) In 49 Stunden und 12 Minuten.
c) In 66 Stunden und 34 Minuten.

735. Müssen die Pferde eines Vierergespanns eine Farbe haben?

a) Ja.
b) Nein, aber es sollten entweder dunkle oder helle Pferde sein.
c) Nein.

736. Was ist nach Captain Becher benannt?

a) Eine Rennbahn in England.
b) Ein Platz in London.
c) Ein Hindernis des Grand National.

737. Welche Skijöring-Art ist schwerer zu fahren?

a) Der Skiläufer lässt sich von einem Pferd mit Reiter ziehen.
b) Der Skiläufer lässt sich von einem Pferd ohne Reiter ziehen.
c) Der Skiläufer lässt sich von einem Pferd ohne Reiter über eine Buckelpiste ziehen.

738. In welcher Sportart muss man eine Mülltonne ziehen?

a) Beim Müllheimer Hindernisrennen.
b) Im Trail-Parcours.
c) Beim Stadt-Wanderreiten.

739. Wer fuhr mit einem Gespann über die Alpen?

a) Benno von Achenbach.
b) Hannibal.
c) Michael Schumacher.

740. Bei welcher Sportart brauchen Richter Ferngläser?

a) Bei der Dressur.
b) Beim Geländeritt der Vielseitigkeitsreiter.
c) Beim Geländeritt der Wanderreiter.

741. Woran scheitern selbst die stärksten Kaltblüter?

a) Einen mit Blei gefüllten Koffer zu ziehen.
b) Im Tauziehen gegen einen Sumo-Ringer.
c) Zwei luftleere Metallhalbkugel zu trennen.

742. Welches ist das höchstdotierte deutsche Galopprennen?

a) Der ARAG-Preis.
b) Das Deutsche Derby.
c) Der Große Preis von Iffezheim.

743. Welchen frühen Distanzritt überlebten viele Pferde nicht?

a) Berlin—München.
b) Berlin—Wien.
c) Pressburg—Wien.

744. Welches Pferd ist das beliebteste beim Westernreiten?

a) Das American Paint Horse.
b) Das Appaloosa.
c) Das Quarter Horse.

745. In welcher Disziplin messen sich Kaltblüter nicht?

a) Im Holzrücken.
b) Im Pflügen.
c) Im Tauziehen.

746. Wie weit gleiten die Pferde beim Sliding Stop vorwärts?

a) Bis zu 3 m.
b) Bis zu 5 m.
c) Bis zu 8 m.

747. Wie viele Reiter bilden die kleinste Quadrille?

a) 4.
b) 8.
c) 15.

748. Bei welcher Übung spielt eine erdachte Rinderherde mit?

a) Beim Cutting.
b) Beim Working Cowhorse.
c) Beim Trail.

749. Was ist seit kurzem Pflicht beim Westernreiten?

a) Das Tragen eines Cowboyhutes.
b) Der verstärkte Trab.
c) Eine Springprüfung.

750. Wer gewann 1968 olympisches Silber im Springen?

a) Ein Araber.
b) Ein Kaltblut.
c) Ein Pony.

Wer hat's gewusst?

750 Antworten

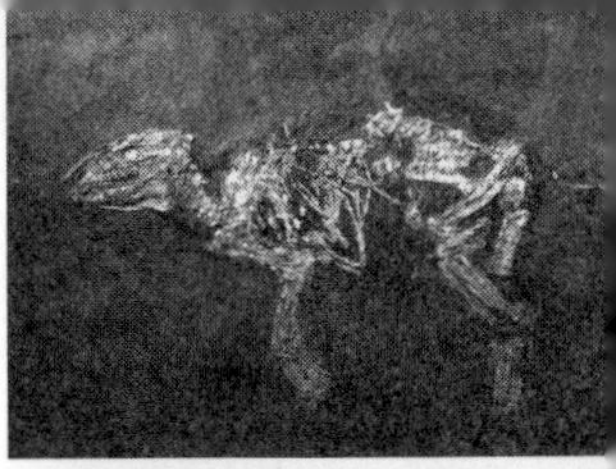

1. Antwort a) ist richtig. Der Vorläufer unseres Pferdes, das Eohippus, lebte vor ca. 60 Millionen Jahren. Es war ungefähr so groß wie ein Fuchs, hatte 4 Zehen an den Vorderfüßen und 3 an den Hinterfüßen und fraß Blätter.

2. Antwort c) ist richtig. In der Zucht erreicht das Shire Horse, eine Kaltblüterrasse, in der Regel eine Größe von bis zu 2 m. Das größte aller Pferde soll Mammoth gewesen sein, der ursprünglich Sampson hieß und 1846 geboren wurde. Er maß 2,19 m und wog 1524 kg. Höchstwahrscheinlich war er ein Shire Horse.

3. Antwort b) ist richtig. Das Gestüt Merfelder Bruch wurde im 14. Jahrhundert bei Dülmen in Nordrhein Westfalen gegründet und ist im Besitz des Herzogs von Croy. Die männlichen Jährlinge der Dülmener Wildpferde werden aus der Herde gefangen, gebrannt und verkauft.

4. Antwort c) ist richtig. Das American Standardbred wird konsequent auf eine besondere Leistung im Trabrennen gezüchtet. Diese Rasse kann die Meile in 1 Minute, 55 Sekunden laufen.

5. Antwort b) ist richtig. Das Nashorn gehört wie das Pferd zu den Unpaarhufern, das heißt, die Mittelzehe ist stark und wird durch den hornigen Huf geschützt. Das Tier tritt nur mit der Spitze seiner Mittelzehe auf.

6. Antwort a) ist richtig. Das Maultier ist eine Kreuzung aus Pferdestute und Eselhengst. Die Kreuzung aus Pferdehengst und Eselstute nennt man Maulesel.

7. Antwort a) ist richtig. Da dieses Pony im englischen Exmoor recht isoliert lebt, ist der Einfluss anderer Rassen sehr gering. Vergleiche mit Höhlenmalerein von Wildpferden aus der Eiszeit zeigen eine große Ähnlichkeit mit dem Exmoor-Pony.

8. Antwort b) ist richtig. Der Tapir, der noch heute fast so aussieht wie vor Urzeiten, sieht dem Eohippus ähnlich. Er ist allerdings größer.

9. Antwort b) ist richtig. Hengst Pluto vom Hofgestüt Frederiksborg, das 1562 in Dänemark gegründet wurde, wirkte ab 1772 als Deckhengst (Beschäler) und begründete die Pluto-Linie der Lipizzanerzucht.

10. Antwort b) ist richtig. Der Indianerstamm Nez Percé züchtete das Appaloosa, benannt nach dem Fluss Palouse, der durch ihr Gebiet floss. 1877 wurden die Nez Percé von der US-Kavallerie überwältigt, die meisten Tiere fanden den Tod. Heute gibt es wieder einen großen Bestand, da die Appaloosa sehr beliebt sind.

11. Antwort b) ist richtig. Ab 149 cm Stockmaß spricht man vom Großpferd. In Deutschland wird noch zwischen dem Pony (Stockmaß bis 120 cm) und dem Kleinpferd (Stockmaß von 121 bis 148 cm) unterschieden.

12. Antwort b) ist richtig. Man nennt Zebroide auch Zorse. Es sind nur Kreuzungen zwischen Pferdestute und Zebra möglich. Das Shetlandpony Tilly brachte 2001 auf einem britischen Bauernhof ein gestreiftes Fohlen zur Welt. Das Pony hatte zuvor in einem Wildpark unter Zebras gelebt.

13. Antwort b) ist richtig. Das Nachrichtennetz von Kublai Khan umfasste 10.000 Stationen im Abstand von 50 km entlang aller wichtigen Straßen seines Reiches. Auf jeder Station gab es 400 Pferde, 200 ruhten sich aus, 200 waren in Bereitschaft.

14. Antwort b) ist richtig. Der Jütländer besaß genügend Ausdauer und Kraft, um die Ritter des Mittelalters mit ihren schweren Rüstungen zu tragen. Heute kann man dieses dänische Kaltblut oft auf Pferdeschauen sehen.

15. Antwort b) ist richtig. Eine offizielle Kommission entscheidet, ob sich ein Hengst als Zuchthengst eignet. Entscheidet sie positiv, wird er angekört, das heißt, er bleibt ein Hengst. Entscheidet sie negativ, wird er abgekört, das heißt, er muss kastriert werden und wird zum Wallach.

16. Antwort a) ist richtig. Die indischen Bhutia und Spiti sind Arbeitsponys, die in gebirgigen Regionen eingesetzt werden. In der Wüste Karakum leben die Achal-Tekkiner, die mit dem Wechsel zwischen Hitze und Kälte sehr gut zurechtkommen. Die mongolische Steppe war Heimat der Przewalskipferde.

17. Antwort c) ist richtig. Eigentlich können sich Kreuzungen aus Esel und Pferd aufgrund des unterschiedlichen Erbguts ihrer Eltern nicht fortpflanzen. Doch ein 14-jähriges Maultier hat in Marokko, in Afrika, ein Fohlen zur Welt gebracht.

18. Antwort a) ist richtig. Die Baschkirs, die am Fuße des Ural leben, geben viel Milch, die vor allem zur Herstellung von Kumyss verwendet wird, einem kalorienarmen, alkoholischen Getränk. Auffallend an den Ponys ist das lockige Langhaar.

19. Antwort b) ist richtig. Palominos werden ausschließlich auf Farbe gezüchtet. Sie sind Isabellen mit einem goldfarbenen Schimmer und mit weißem Langhaar. Pferde mit rosa Haut und hellen Augen werden zur Zucht nicht zugelassen.

20. Antwort b) ist richtig. Die Deckhengste werden vom 3.–4. Lebensjahr an in der Zucht eingesetzt. Das gilt auch für Stuten.

21. Antwort b) ist richtig. Mit seinem thessalischen Hengst Bukephalos eroberte Alexander der Große (356–323 v. Chr.) sein riesiges Reich. Als er starb, gründete Alexander zum Gedenken an sein Pferd die Stadt Bukephala, das heutige Jabalpur in Indien.

22. Antwort b) ist richtig. Das Przewalskipferd war in den Steppen Asiens beheimatet, doch es starb aus. 1879 entdeckte es der russische Oberst und Forschungsreisende Przewalski wieder. Heute bemühen sich einige Zoos um die Zucht. Der Tierpark Hellabrunn führt sogar ein Auswilderungsprogramm in der Mongolei durch.

23. Antwort c) ist richtig. Frei lebende Stuten haben eine Befruchtungsrate von 95 %. In der Zucht ist die Rate niedriger, weil die Pferde keine freie Partnerwahl haben und die Hengste nur zur Paarung zur Stute geführt werden.

24. Antwort b) ist richtig. Das schwerste Pferd war ein belgischer Hengst mit Namen Brookly Suprema. 1938 soll er 1451 kg gewogen haben.

25. Antwort c) ist richtig. Pedigree kommt aus dem Englischen und bedeutet Stammbaum. Diesen Abstammungsnachweis haben Pferde und Ponys, die in einen der Zuchtverbände aufgenommen wurden.

26. Antwort b) ist richtig. Allerdings versteht man nur in Deutschland unter einem Halbblut die Kreuzung aus einem Voll- und einem Warmblut. International nennt man alle Pferde „halfbred“ (Halbblut), die nicht Vollblüter und Kaltblüter sind oder keiner Ponyrasse zuzurechnen sind.

27. Antwort a) ist richtig. Bei der Geburt hat das Warmblut ein Stockmaß von ca. 100 cm. Am Ende des ersten Jahres sind es ca. 140 cm. Für die restlichen ca. 20–30 cm braucht es 3–4 Jahre. Spätreife Pferde sind erst im 7. oder 8. Jahr voll ausgewachsen.

28. Antwort b) ist richtig. Falabellas sollten nicht größer als 76 cm sein. Sie wurden im 19. Jahrhundert in Argentinien von Juan Falabella gezüchtet und können über 40 Jahre alt werden.

29. Antwort c) ist richtig. Ein Maultier namens Apollo, 1977 geboren, hat ein Stockmaß von 196 cm und wiegt 998 kg. Apollo ist eine Kreuzung zwischen einer Belgischen Stute und einem Mammoth Jack, einem amerikanischen Esel.

30. Antwort b) ist richtig. In dichten Wäldern oder an Steilhängen können Kaltblüter Baumstämme wesentlich besser abtransportieren als Lastwagen.

31. Antwort a) ist richtig. Pferde waren Nahrung; aus ihrem Fell stellte man Kleidung und Zelte her. Vor den Klippen von Solutré in Frankreich fand man mehr als 10.000 Pferdeknochen. Die Tiere wurden auf den Felsen getrieben – eine Sackgasse – und stürzten in ihrer panischen Flucht hinab.

32. Antwort c) ist richtig. Der Mulassiér, auch Poitevin genannt, wird mit Poitou-Eselhengsten gekreuzt. Ziel dieser Zucht sind Arbeitsmaultiere.

33. Antwort c) ist richtig. Die zum Teil halbwild oder wild lebenden Pottiock-Ponys sind in den baskischen Provinzen beheimatet, in denen sie sich im Winter oft nur von dornigen Pflanzen ernähren können. Zum Schutz vor den Dornen wachsen ihnen dicke Barthaare. In den Sommermonaten verlieren sie die Barthaare wieder.

34. Antwort c) ist richtig. Höchstwahrscheinlich waren es umherziehende Völker (Nomaden), die vor 4.000– 5.000 Jahren erkannten, dass es von größerem Nutzen war, die Pferde zu zähmen, statt sie zu jagen. Ob sie die Pferde zunächst nur als Milch- und Fleischtiere nutzten oder auch als Zug- und Lasttiere, ist noch nicht geklärt.

35. Antwort b) ist richtig. Das hübsche Huzule lebt in den Waldkarpaten. Das trittsichere Pony ist für die Bergbauern Polens nach wie vor ein wichtiges Arbeitstier.

36. Antwort a) ist richtig. Plinius der Ältere (23–79 v. Chr.) berichtet von Pferden in Asturien, die gleichzeitig die Beine einer Seite heben und wieder niedersetzen. Diese Art zu gehen wurde thieldones genannt. Daraus wurde Zelt, dann Telt, und zuletzt Tölt.

37. Antwort b) ist richtig. Einige Maremannos leben in Maremma, dem größten Naturpark der Toskana, mit Rindern, Rehen, Wildschweinen und Wölfen. Die Pferde werden aber auch im Turniersport eingesetzt, da sie ein sehr gutes Springvermögen haben.

38. Antwort c) ist richtig. Vielfach wird nur das Przewalskipferd als „Stammvater" unseres heutigen Pferdes genannt, doch auch der Tarpan ist einer seiner Ahnen. Außerdem entdeckte man 1995 in Tibet das Riwoqe-Pferd, das den Höhlenbildern von Steinzeitpferden gleicht.

39. Antwort a) ist richtig. Bei dem 4.000 km langen Ritt von Aschkabad nach Moskau im Jahr 1935 mussten die Achal-Tekkiner zudem 376 km durch Wüstenland. Sie schafften es ohne Wasser in 3 Tagen.

40. Antwort b) ist richtig. Das Equus, das vor ungefähr 250.000 Jahren lebte, war dem heutigem Pferd sehr ähnlich. Es war ungefähr 140 cm groß und einhufig. Der Huf war nicht gespalten (Unpaarhufer).

41. Antwort b) ist richtig. Lusitanos sind wendig, schnell und nervenstark. Für den Rejoneador, den Stierkämpfer zu Pferde, ist es ein großes Unglück, wenn sein Pferd verletzt wird. Trotzdem ist auch der portugiesische Stierkampf umstritten, zumal er nicht „unblutig" ist. Der Stier wird zwar nicht in der Arena, anschließend jedoch im Schlachthof getötet.

42. Antwort a) ist richtig. Bei den meisten Warmblutrassen wurden und werden Arabische Vollblüter eingekreuzt, aber auch bei Ponys und Kaltblütern.

43. Antwort c) ist richtig. Man vergleicht Pferde gleicher Größe. Je schwerer ein Pferd ist, desto stärkeres Kaliber hat es.

44. Antwort b) ist richtig. Die UNESCO hat sowohl die Kladruber als auch das Gestüt Kladruby in Tschechien, in dem diese Pferderasse gezüchtet wird, zum Weltkulturerbe ernannt. Anfangs gab es Kladruber in allen Vollfarben. Mittlerweile hat man die Zucht auf Rappen (schwarze Pferde) und Schimmel beschränkt.

45. Antwort b) ist richtig. Der Legende nach ließ Mohammed eine Pferdeherde 7 Tage dursten. Als die Tiere zum Wasser stürmten, blies er zum Kampf. 5 Stuten gehorchten, statt zu trinken. Von diesen sollen alle reinen Araber abstammen. Wahr ist wohl, dass Mohammed eine strenge Auswahl traf, welche Pferde er in der Zucht einsetzte.

46. Antwort b) ist richtig. Ende des 15. Jahrhunderts mussten die Pferde in den Schlachten oder im Turnier bis zu 250 kg an Rüstung tragen. Hinzu kam noch das Gewicht des Reiters. Doch nicht nur aufgrund der Last waren Kaltblüter die bevorzugten Pferde der Ritter, sondern auch weil sie bei Zusammenstößen besonders standfest waren.

47. Antwort c) ist richtig. Steht ein „xx“ hinter dem Pferdenamen, handelt es sich um einen Englischen Vollblüter. Mit „ox“ kennzeichnet man das Arabische Vollblut.

48. Antwort a) ist richtig. Das kleinste Pferd ist der Hengst „Little Pumpkin“, geboren am 15. April 1973. 1975 hatte er das Stockmaß von 35,5 cm erreicht und wog 9 kg.

49. Antwort c) ist richtig. Die aus der Perche im Norden Frankreichs stammenden Percherons sind nicht nur elegante Kaltblüter, sie können auch sehr groß werden. Der 1902 in den USA geborene Hengst Dr. Le Gear soll eine Größe von 2,13 m erreicht haben.

50. Antwort c) ist richtig. Bei der Inzestzucht paaren sich Geschwister untereinander oder Eltern mit ihren Kindern oder Großeltern mit ihren Enkeln. In der Natur kommt dies oft vor, in der Zucht vermeidet man es eher. Die Inzucht hingegen, die Paarung außerhalb von drei Generationen, hat oft Erfolge.

51. Antwort b) ist richtig. Die größte berittene Armee aller Zeiten war die der Mongolen im 12. Jahrhundert. Sie umfasste 1,5 Millionen Pferde. Die Mongolen eroberten Asien und Osteuropa. Erst an der polnischen Grenze wurden sie gestoppt: von einer Kavallerie, deren Pferde größer und schwerer waren und zudem Rüstungen trugen.

52. Antwort b) ist richtig. Das schottische Highlandpony muss nicht nur über viel Kraft verfügen, sondern auch eine sehr ruhige Wesensart haben, denn Pferde weigern sich normalerweise, tote Tiere zu tragen.

53. Antwort c) ist richtig. Eigentlich sind Pferde nicht immun gegen die Tsetsefliege. Das Poney Mousseye aus Kamerun lebt jedoch in einer Region, in der diese Fliege, der Erreger der Schlafkrankheit, häufig vorkommt.

54. Antwort a) ist richtig. Die Bali-Ponys sehen dem Przewalskipferd sehr ähnlich. Sie sind meistens Falben, haben einen Aalstrich, Zebrastreifen, eine schwarze Stehmähne und einen verhältnismäßig großen Kopf.

55. Antwort a) ist richtig. Die Brumbys, ehemalige australische Hauspferde, verwilderten während des Goldrauschs Mitte des 19. Jahrhunderts. Da sie sich stark vermehrten und entsprechend viele Pflanzen fraßen, jagte man die Brumbys.

56. Antwort b) ist richtig. Bei den Anglo-Arabern handelt es sich um Kreuzungen aus Araber und Englischem Vollblut. Sie müssen mindestens 25 % Araberblut haben. Am erfolgreichsten sind die Kreuzungen zwischen Araberhengsten und Vollblutstuten.

57. Antwort b) ist richtig. Sicher treffen auch a) und c) zu, aber beim Cutting, dem Trennen eines Rindes von der Herde, ist der „cow sense“, der Rinderverstand, sehr wichtig. Das Pferd muss instinktiv wissen, was das Rind vorhat, wohin es sich bewegt.

58. Antwort c) ist richtig. Die Behaarung an den Fesseln (= der Behang) ist eigentlich für Kaltblüter typisch, bei leichteren Pferden kommt er sehr selten vor. Der niederländische Friese jedoch hat einen sehr starken Behang.

59. Antwort b) ist richtig. Das Pferd war ein Knabstrupper-Hengst mit Namen Max und er verbeugte sich 1938 vor dem dänischen König Christian X.

60. Antwort c) ist richtig. Das Equus stammt ursprünglich aus Nordamerika. Es kam über die Beringstraße, eine feste Landverbindung zwischen Alaska und Sibirien in der Gegend der heutigen Beringsee und breitete sich über Afrika, Asien und Europa aus. In Amerika starb es vor ungefähr 10.000 Jahren aus.

61. Antwort b) ist richtig. Die Rasse Pony of the Americans besteht nur aus Schecken (gefleckte Pferde). Sie ist in den 1950er Jahren durch Kreuzung einer Appaloosa-Stute mit einem Shetland-Hengst entstanden.

62. Antwort c) ist richtig. Die Shetland-Ponys sind die kleinsten halbwild lebenden Ponys. Sie werden selten größer als 110 cm.

63. Antwort c) ist richtig. Mit den spanischen Eroberern kamen auch Pferde nach Amerika. So hatte Kolumbus 30 Pferde dabei, als er 1492 Amerika entdeckte. Auch Hernando Cortez, der 1519 bis 1521 Mexiko eroberte, brachte Pferde mit. Einige liefen davon oder wurden freigelassen. Die Mustangs sind ihre Nachkommen.

64. Antwort a) ist richtig. Menschen, die eine Pferdehaarallergie haben, reagieren auf die Baschkir Curlys nicht allergisch. Wie die Baschkir Ponys haben auch sie lockiges Langhaar. Das Mähnenhaar verlieren sie im Sommer, manchmal auch das Schweifhaar, im Winter wächst es wieder nach.

65. Antwort c) ist richtig. Man nennt diesen Gang des Missouri Foxtrotters „Fox Trot". Er ist weich und sehr bequem auszusitzen, da sich der Rücken wenig bewegt. Die anderen Gänge dieses amerikanischen Pferdes sind der so genannte „Flat Foot Walk", ein ausholender Schritt, und ein weicher Galopp.

66. Antwort c) ist richtig. Die Geschichte dieser Schweizer Pferde kann bis ins 10. Jahrhundert zurück verfolgt werden. Mönche des Klosters Einsiedeln züchteten ein vielseitig einzusetzendes Pferd. Anfangs hieß es Cavallo della Madonna (Pferd der Madonna), später erhielt es den Namen Einsiedler.

67. Antwort a) ist richtig. Ludger Beerbaums Erfolgspferd Goldfever ist ein Hannoveraner. Der Fuchshengst wurde am 6. Mai 1991 geboren.

68. Antwort a) ist richtig. Friedrich Wilhelm I. gründete 1732 das überaus erfolgreiche Gestüt in Trakehnen in Ostpreußen. 1945 war die Existenz der Trakehner bedroht. Nur wenige Pferde, die auf die Flucht vor der russischen Armee mitgenommen wurden, überlebten.

69. Antwort a) ist richtig. Der neuseeländische Hengst Phar Lap kam 1926 zur Welt. Als er starb – er wurde im Alter von 6 Jahren vergiftet –, war sein Herz 1,5-mal größer als bei normalen Vollblütern. Er war ein sehr erfolgreiches Pferd und gilt in seiner Heimat noch heute als Rennwunder.

70. Antwort a) ist richtig. Der Fuchshengst Eclipse (= Finsternis), 1764 angeblich während einer Sonnenfinsternis geboren, war so schnell, dass er seine Gegner regelrecht disqualifizierte. Manche sollen frustriert aufgegeben haben. Eclipse war ein Ururenkel von Darley Arabian, einem der drei Stammhengste des Englischen Vollbluts.

71. Antwort a) ist richtig. Ein gehorsames Pferd war für die Germanen das Wichtigste, denn manchmal stiegen sie während einer Schlacht ab und kämpften zu Fuß weiter. Die Pferde mussten ruhig stehen bleiben und auf ihre Reiter warten.

72. Antwort c) ist richtig. 1984 zogen die zwei Brauereipferde Monti und Captain von Hans Fäsi auf einem internationalen Turnier in Luzern 44.211 kg.

73. Antwort c) ist richtig. Die erste Traberzucht wurde 1788 von Graf Alexej Gregorjewitsch Orlow gegründet. Unabhängig davon begannen später auch Amerikaner und Franzosen Pferde für das Trabrennen zu züchten.

74. Antwort c) ist richtig. Erstmals wurde die Schlucht in Nord-Süd-Richtung von Pferden durchquert. Das schwerste Teilstück für die 10 Missouri Foxtrotter und ihre Reiter war der Abstieg vom Nordrand des Grand Canyon zur Phantom Ranch am Colorado River: 1.710 m Höhenunterschied mussten bewältigt werden.

75. Antwort c) ist richtig. Reiner Klimke gewann 1984 in Los Angeles und 1988 in Seoul mit dem Westfalen Ahlerich, geboren am 12. April 1975, in der Einzelwertung der Dressur olympisches Gold.

76. Antwort b) ist richtig. Unsere heutigen Pferderassen entwickelten sich aus 4 Urformen der letzten Eiszeit: dem Urpony, dem Tundrenpony, dem Ramskopfpferd und dem Steppenpferd.

77. Antwort b) ist richtig. Vollblüter sind in Schnelligkeit und Ausdauer allen anderen Pferden überlegen. Die so genannten Zuchtrennen dienen dazu, geeignete Stuten und Hengste für die weitere Zucht zu finden.

78. Antwort c) ist richtig. Ein Vollblüter kann 1.000 m in etwa 54 Sekunden laufen. Das entspricht 60 km/h. Am 5. Februar 1945 erreichte Big Racket bei einem Viertelmeilenrennen in Mexico City sogar die Geschwindigkeit von 69,6 km/h.

79. Antwort c) ist richtig. In das Hauptstammbuch werden Stuten und Fohlen aufgenommen, von denen man sich aufgrund ihrer Abstammung und ihres äußeren Erscheinungsbildes „Nutzen" für die Zucht verspricht.

80. Antwort c) ist richtig. Die heute noch lebenden Wildeinhuferarten sind das Grevyzebra, das Steppenzebra und das Bergzebra, der Afrikanische Wildesel, der Asiatische Wildesel und das Wildpferd.

81. Antwort b) ist richtig. Dschingis Khan bevorzugte das Mongolische Pony, einen Nachfahren des Przewalskipferdes. Das mongolische Pony sieht nicht besonders schön aus, ist aber sehr zäh und ausdauernd.

82. Antwort a) ist richtig. Beim Aufbäumen, der „elevada", steht das Menorca-Pferd fast senkrecht und schlägt mit den Vorderhufen. Einige können sich dabei sogar auf den Hinterbeinen einige Meter vorwärts bewegen.

83. Antwort b) ist richtig. Schon vor ungefähr 1.000 Jahren beschloss das isländische Parlament, dass keine Pferde mehr ins Land eingeführt werden dürfen. Daher ist das Island-Pony heute eine der reinsten Pferderassen.

84. Antwort c) ist richtig. Der „Geist der Steppe" war ein milchig weißer Mustang, der ab 1870 mit seiner Herde durch Südtexas streifte. Viele Jahre versuchten Mustangjäger vergeblich, ihn einzufangen. 1882 soll der Hengst auf der Flucht vor seinen Jägern in ein giftiges Schlammloch gestürzt und versunken sein.

85. Antwort c) ist richtig. In den staatlichen Hauptgestüten, zum Beispiel in Neustadt, werden sowohl Hengste als auch Stuten gehalten und Fohlen aufgezogen. In den Landgestüten, wie zum Beispiel in Celle, werden dagegen nur Hengste gehalten.

86. Antwort c) ist richtig. Fury hieß mit richtigem Namen Beauty und war ein American-Saddle-Horse-Hengst. Von 1955 bis 1960 spielte er die Hauptrolle in der gleichnamigen Fernsehserie.

87. Antwort b) ist richtig. Heute gibt es in Deutschland über eine Million Pferde und Ponys. In den vergangenen 35 Jahren hat sich die Anzahl verdreifacht. Weltweit leben mehr als 60 Millionen Pferde.

88. Antwort a) ist richtig. In der Wissenschaft – genauer in der Zoologie – heißen Pferde „Equiden“. Man sagt, Equiden gehören zur Familie Pferd.

89. Antwort b) ist richtig. Der Kasache, ein russisches Steppenpferd, ist ein wahrer Marathonläufer. Dieses Pferd kann 300 km in 24 Stunden zurücklegen.

90. Antwort c) ist richtig. Der Tarpan starb Ende des 19. Jahrhunderts aus. In der ersten Hälfte des letzten Jahrhunderts versuchten Wissenschaftler, ihn zurückzuzüchten – mit Erfolg: Heute gibt es in Polen wieder wild lebende Tarpans.

91. Antwort b) ist richtig. Der Dunkelfuchs Fidermark starb 2003 im Alter von 11 Jahren an Kreislaufversagen. Fidermark gewann 1996 das Bundeschampionat der Dressurpferde und siegte in vielen internationalen Grand-Prix-Prüfungen. 21 seiner Fohlen wurden gekört. Das heißt, sie wurden später zu Deckhengsten.

92. Antwort b) ist richtig. Eine Stute kann als Leihmutter einen Esel zur Welt bringen. In der Stadt Melbourne in Australien ist einer Stute der Embryo eines Esels eingepflanzt worden, da dessen leibliche Mutter krank war und es sich um eine seltene Eselart, einen Poitou, handelte. 2002 kam der Esel zur Welt.

93. Antwort b) ist richtig. Das Pferd der Kosaken, deren Armee vor 200 Jahren für Russland kämpfte, war der Don. Mit einer ernsthaften Zucht wurde nach dem Krieg gegen die Franzosen (1812–1814) begonnen, in dem die Dons im Gegensatz zu den französischen Pferden den Strapazen und der Kälte standhielten. Benannt ist das Pferd nach dem russischen Fluss Don.

94. Antwort a) ist richtig. Von den Nordschweden wird gesagt, sie hätten Augen unter den Hufen. Gemeint ist, dass diese Kaltblüter überall, ob im Geröll oder im Schnee, den sicheren Weg finden. Daher werden sie gerne in der Forstwirtschaft eingesetzt, sie sind aber auch sehr gute Zug- und Reitpferde.

95. Antwort b) ist richtig. Das Exmoor Pony ist ein Vertreter des Urtyps Nordpony. Es stammt ursprünglich aus England.

96. Antwort c) ist richtig. In der Zucht spricht man von Konsolidierung, wenn das Zuchtziel erreicht worden ist. Von nun an werden die gezüchteten Pferde nicht mehr mit einer anderen Pferderasse gekreuzt.

97. Antwort b) ist richtig. Tinker sind Kesselflicker. In England und Irland war der Begriff Tinker ein Schimpfwort, mit dem Bettler und Zigeuner bezeichnet wurden. Ihre Pferde waren gescheckt, also nicht einfarbig. Solche Tiere wurden von besser gestellten Menschen als nicht standesgemäß angesehen.

98. Antwort b) ist richtig. Die Ohren des Kathiawari sind so weit nach innen gebogen, dass sie sich berühren. Der Kathiawari stammt von der indischen Halbinsel Kathiawar und wird höchstens 148 cm groß. Er wird aber trotzdem nicht den Ponys zugerechnet, sondern gilt als kleines Pferd.

99. Antwort c) ist richtig. Pintos werden in den USA in erster Linie auf Mehrfarbigkeit gezüchtet. Pinto ist keine Rasse, sondern eine Sammelbezeichnung für Pferde verschiedenster Herkunft. Am beliebtesten sind die schwarz-weiß gescheckten Pferde, da sie sehr selten sind.

100. Antwort a) ist richtig. Das erste Klonpferd kam am 28. Mai 2003 in Cremona, Italien zur Welt. Das Fohlen Prometea ist eine genetische Kopie einer Haflinger-Stute.

101. Antwort a) ist richtig. Das äußere Erscheinungsbild des Pferdes wird als Gebäude oder auch als „Exterieur" bezeichnet. Mit „Interieur" beschreibt man dagegen den Charakter und das Temperament des Pferdes. Am Gebäude kann man die Anlagen des Pferdes erkennen, ob es sich zum Beispiel zum Spring- oder Dressurpferd eignet.

102. Antwort b) ist richtig. Es gibt Pferde, die einen Kinnbart, einen so genannten „Geißbart" haben. Bei den Isländern kann man ihn sehen. Der Kinnbart ist zum Beispiel typisch für die Urpferde der nördlichen Länder.

103. Antwort c) ist richtig. Alle Pferde schwitzen an den Flanken, am Schulterblatt und am Hals stärker als an anderen Körperstellen. Pferde schwitzen nicht nur bei körperlicher Anstrengung, sondern auch wenn sie etwas erregt.

104. Antwort c) ist richtig. Als Vorhand („vor der Hand") werden Kopf, Hals, Schulter, Vorderbeine und der Widerrist (eine mehr oder weniger starke Erhöhung am Übergang vom Rücken zum Hals) bezeichnet. Was sich hinter der Hand des Reiters befindet, nennt man Hinterhand.

105. Antwort b) ist richtig. Die Kastanie ist ein Höcker aus Horn, eine verkümmerte Zehe, an den Innenseiten der Beine. An den Vorderbeinen befindet sie sich oberhalb der Vorderfußwurzelgelenke, an den Hinterbeinen unterhalb der Sprunggelenke.

106. Antwort c) ist richtig. Tiger haben bekanntlich Streifen. Mit der Farbbezeichnung „Tiger" sind aber Pferde gemeint, die rundliche oder längliche Flecken über den ganzen Körper verteilt haben. Tigerschecken kommen in allen Farben vor.

107. Antwort a) ist richtig. Mit Ganaschen werden die seitlichen Übergänge vom Pferdekopf zum Pferdehals im hinteren, oberen Bereich des Unterkiefers bezeichnet. Ist hier nicht genug Bewegungsfreiheit, kann das Pferd Probleme beim Biegen des Halses haben.

108. Antwort c) ist richtig. Ein Maul mit weißen Flecken nennt man Krötenmaul. Das Milchmaul ist weiß und das Mehlmaul hellbraun.

109. Antwort c) ist richtig. Das Vorderfußwurzelgelenk des Pferdes entspricht dem Handgelenk des Menschen. Es ist das Gelenk zwischen dem Unterarm und dem vorderen Röhrbein. Irrtümlicherweise wird es oft als Knie bezeichnet.

110. Antwort c) ist richtig. Das gesamte Gewicht des Pferdes liegt auf dem Tragrand, der äußeren Auftrittfläche des Hufes. Daher ist es wichtig, dass er gleichmäßig belastet wird. Meist ist das von Natur aus der Fall, weil der innere Teil des Hufes, die Hufsohle, nach innen gewölbt ist.

111. Antwort b) ist richtig. Die Ober- und Unterschenkelmuskulatur werden als „Hosen“ bezeichnet. Ist sie gut ausgeprägt, sagt man, das Pferd ist gut „behost“.

112. Antwort c) ist richtig. Paarungen von Palomino mit Palomino bringen zu 50% Palominos hervor, zu 25% cremefarbene Albinos und zu 25% Füchse. Die Palominofarbe entsteht nämlich durch die Kreuzung von Fuchsfarbenen und Cremefarbenen.

113. Antwort a) ist richtig. Ist die Kruppe, der hintere Bereich des Rückens, höher als der Widerrist, die Erhöhung am Übergang vom Rücken zum Hals, ist das Pferd „überbaut“. In diesem Fall liegt mehr Gewicht auf der Vorhand, sodass die Taktreinheit der Bewegungen beeinflusst wird. Überbaute Pferde sind für den Dressursport daher nicht geeignet.

114. Antwort b) ist richtig. Durchschnittlich wiegt das Herz eines Warmblutwallachs 3 kg, das der Stute ist etwas leichter, das des Hengstes etwas schwerer.

115. Antwort b) ist richtig. Ist der Rücken nach oben gewölbt, bezeichnet man ihn als Karpfenrücken. Ist der Rücken nach unten gesenkt, wird er als Senkrücken bezeichnet. Beim Menschen spricht man vom Hohlkreuz.

116. Antwort a) ist richtig. Der Abstand zwischen den Vorderbeinen sollte ungefähr 1 Huf breit sein. Ist der Abstand zu gering, besteht die Gefahr, dass sich das Pferd selbst verletzt. Zudem sollten die Vordergliedmaßen, wenn man von vorne auf sie schaut, parallel stehen.

117. Antwort c) ist richtig. Ist der Schweif an der Schweifrübe, das aus 18–21 Wirbeln gebildete Ende des Rückgrats, nur dünn behaart, nennt man ihn „Rattenschweif“. Für manche Rassen, zum Beispiel die Appaloosa, ist das typisch.

118. Antwort a) ist richtig. Das Hufhorn wächst pro Monat etwa 8–10 mm. Daher ist es wichtig, die Hufe regelmäßig beschneiden und den Beschlag erneuern zu lassen.

119. Antwort c) ist richtig. Unter den Wildpferden gab es keine Schimmel. Die Fellfarbe hatte die Funktion, das Tier zu tarnen, es der Umgebung anzupassen. Weiß wäre keine gute Tarnfarbe gewesen. Bei den halbwild lebenden Pferden ist der Zweck der Fellfarbe noch zu erkennen. Die Dülmener Ponys zum Beispiel sind falbfarben oder mausgrau.

120. Antwort b) ist richtig. Gescheckte Pferde haben häufig gestreifte Hufe – schwarze und weiße senkrechte Streifen.

121. Antwort b) ist richtig. Wenn die Fessel steil ist, spricht man von einem Bockhuf.

122. Antwort c) ist richtig. Die Schneidezähne haben in der Mitte eine dunkle Vertiefung, die Kunde oder Bohne, die sich mit den Jahren abnutzt und ungefähr im 11. Lebensjahr ganz verschwunden ist. Danach kann die Stellung der Schneidezähne Hinweise auf das Alter geben, da sie mit den Jahren immer schräger stehen.

123. Antwort c) ist richtig. Das Pferd kann die Geschwindigkeit eines Autos nicht richtig einschätzen, da es Bewegungen nur aufgrund der Veränderung von Formen erkennt. Ein Tier, das läuft, verändert immer wieder seine Form, ebenso ein Mensch. Fahrende Autos verändern ihre Form jedoch nicht – in den Augen eines Pferdes bewegen sie sich also auch nicht.

124. Antwort a) ist richtig. Die Lippen greifen das Gras, die scharfen Vorderzähne reißen es ab und die Zunge schiebt es nach hinten zu den Backenzähnen, die es zermahlen.

125. Antwort b) ist richtig. Ein Merkmal der nordischen Ponyrassen ist die Doppelmähne. Das heißt, die Mähne fällt nicht zu einer Seite, sondern zu beiden Seiten des Halses. Auch einige Kaltblutrassen haben Doppelmähnen.

126. Antwort b) ist richtig. Das Pferd hat an der Lippe Tasthaare, die mit den Tastnerven verbunden sind. Mit diesen Haaren kann das Pferd zum Beispiel genau ertasten, ob es etwas Fressbares vor sich hat oder einen anderen Gegenstand.

127. Antwort a) ist richtig. Kennzeichen, die das Pferd von Geburt an hat und die sich nicht verändern, wie zum Beispiel weiße Stellen an Kopf und Beinen werden Abzeichen genannt. Sie werden im Abstammungsnachweis vermerkt, da man mit ihrer Hilfe ein Pferd erkennen kann.

128. Antwort a) ist richtig. Pferde können sowohl große Hitze als auch Kälte vertragen. Sie sind fast überall auf der Erde anzutreffen, auch weil sie sehr genügsam sind und sich von einfachstem Futter ernähren können.

129. Antwort c) ist richtig. Ungefähr am Ende des 4. Lebensjahres ist das Knochengerüst des Pferdes voll ausgebildet. Bei Hengsten, die früh kastriert werden, dauert es etwas länger. Das heißt aber nicht, dass sie später kleiner sind.

130. Antwort c) ist richtig. Ein gesundes und durchtrainiertes Pferd sollte nach einer Anstrengung innerhalb einer Viertelstunde wieder die normalen Werte erreicht haben. Das heißt, es sollte einen Puls von 28–48 Schlägen pro Minute haben, 8–16 mal pro Minute atmen, und die Temperatur sollte zwischen 37,5° und 38,2° liegen.

131. Antwort c) ist richtig. Die erste Milch der Stute nach der Geburt enthält Schutzstoffe. Zudem sorgt diese so genannte „Biestmilch“ dafür, dass das Fohlen das Darmpech ausscheidet, einen etwa 1 m langen Kotstrang im Darm. Falls das Fohlen diesen Kotstrang nicht am ersten Tag ausscheidet, muss der Tierarzt kommen.

132. Antwort a) ist richtig. Bei frühreifen Rassen können Hengste bereits mit 1 Jahr geschlechtsreif sein, also Nachkommen zeugen, Stuten nach dem 1.– 2. Lebensjahr.

133. Antwort b) ist richtig. Der Flankenschlag, die Bewegung der Flanken beim Atmen, zeigt an, ob ein Pferd sich nach einer Anstrengung erholt. Je schneller der Flankenschlag sich beruhigt, also schwächer wird, desto besser ist die körperliche Verfassung des Pferdes.

134. Antwort a) ist richtig. Bei einem „dämpfigen" Pferd, das schmerzhafte Atembeschwerden hat, blähen sich die Lungen auf. Dämpfigkeit ist chronisch und nicht heilbar. Vorbeugen kann man, indem man alle Erkrankungen der Atemwege ausheilen lässt und alles vom Pferd fernhält, was eine Allergie auslösen könnte.

135. Antwort b) ist richtig. Durchschnittlich saugt ein Pferd pro Atemzug 6 l Luft ein. Dabei werden 60–65 l Luft pro Minute ausgetauscht. Bei starker Anstrengung können es an die 300 l sein.

136. Antwort c) ist richtig. Zwillingsgeburten sind bei Pferden sehr selten. Bei 100 Paarungen kommt es nur ein einziges Mal zur Befruchtung von 2 Eiern. Da die Gebärmutter der Stute in der Regel zu klein ist, sterben die Zwillinge meistens nach 5–6 Monaten ab.

137. Antwort a) ist richtig. Pferde hören weitaus besser als Menschen. Sie können ihre Ohren in fast alle Richtungen drehen, auch in verschiedene. So kann ein Pferd mit einem Ohr nach vorne lauschen und mit dem anderen gleichzeitig nach hinten zu seinem Reiter.

138. Antwort c) ist richtig. Bei starker Anstrengung atmet das Pferd 80–100-mal pro Minute, denn dann braucht der Körper viel Sauerstoff.

139. Antwort c) ist richtig. Im Verhältnis zu ihrer Körpergröße haben Pferde einen kleinen Magen. Er fasst etwa 12 l. Daher können sie ihr Futter nur in kleinen Mengen aufnehmen. Um aber für ihre Größe genügend Nahrung zu bekommen, müssen sie sehr oft fressen.

140. Antwort a) ist richtig. Mit Mondblindheit wird eine Augenentzündung bezeichnet. Es ist die gefährlichste Augenkrankheit des Pferdes. Es kommt oft zu Rückfällen, die das Auge mehr und mehr schädigen und zur Erblindung führen können. Die Krankheit tritt nur bei Pferden auf.

141. Antwort c) ist richtig. Pflanzenfresser wie das Pferd haben einen größeren Verdauungstrakt als Fleischfresser. Der Darm des Pferdes ist durchschnittlich etwa 40 m lang und hat ein Fassungsvermögen von 200 l.

142. Antwort c) ist richtig. Das männliche Pferd hat in der Regel 40 Zähne: 24 Backenzähne, 12 Schneidezähne und 4 Hakenzähne. Die Stute hat nur 36 Zähne, da sie keine Hakenzähne hat. Manche Pferde, sowohl männliche als auch weibliche, haben noch bis zu vier Wolfszähne.

143. Antwort c) ist richtig. Aufgrund der seitlichen Stellung seiner Augen hat das Pferd beinahe einen Rundumblick, das meiste sieht es allerdings unscharf. Nur unmittelbar hinter sich kann das Pferd nicht sehen.

144. Antwort a) ist richtig. Ein Isabelle ist eigentlich ein gelber Fuchs. Sein Deckhaar ist hell- bis dunkelgelb, sein Langhaar und seine Hufe sind hell. Der Falbe ist ein gelber Brauner. Mähne, Schweif und Hufe sind bei ihm immer schwarz.

145. Antwort c) ist richtig. Wird von der Größe des Pferdes gesprochen, ist die Widerristhöhe gemeint. Man misst sie mit einem Stock, der senkrecht auf den Boden gestellt wird und der eine verschiebbare Messlatte hat. Diese Latte wird auf den Widerrist, die Erhöhung am Übergang vom Rücken zum Hals, gelegt. Den gemessenen Wert bezeichnet man als Stockmaß.

146. Antwort b) ist richtig. Als Glasauge bezeichnet man ein helles, gläsern wirkendes Auge. Es kommt insbesondere bei Pferden vor, deren Kopfabzeichen (Stellen, auf denen nur weiße Haare wachsen) großflächig sind und über die Augen gehen. Pferde mit Glasaugen sehen nicht schlechter als andere, allerdings sind ihre Augen in der Regel lichtempfindlicher.

147. Antwort b) ist richtig. So veranlasst zum Beispiel der Geruch einer paarungsbereiten Stute den Hengst zum Flehmen. Er streckt den Hals, reckt den Kopf schräg nach oben und zieht die Oberlippe hoch, bis die Nüstern geschlossen sind. So bleibt der Geruch im Nasen- und Rachenraum. Mit Hilfe des so genannten Jacobsonschen Organ kann der Hengst nun den Geruch bestimmen.

148. Antwort b) ist richtig. Der Braune hat schwarzes Langhaar. Der Fuchs hingegen hat entweder helleres Langhaar oder Langhaar in der gleichen Farbe wie sein Deckhaar.

149. Antwort c) ist richtig. Das Maulgatter des Tierarztes dient dazu, das Pferdemaul während einer Untersuchung des Mauls und des Rachens offen zu halten.

150. Antwort c) ist richtig. Ein Hengst kann die Duftstoffe einer 1.000 m weit entfernten Stute wahrnehmen. Die Duftstoffe sind im Harn der Stute enthalten.

151. Antwort b) ist richtig. In der Regel sieht man es nach etwa 7 Monaten am Bauchumfang, wenn eine Stute trächtig ist. Bei Stuten, die schon viele Fohlen geboren haben, fällt es jedoch kaum auf, weil ihre Bäuche ausgeweitet sind.

152. Antwort a) ist richtig. Albinos (= American Cream Horses) werden weiß geboren im Gegensatz zu Schimmeln wie zum Beispiel die Lipizzaner, die mit einer dunklen Fellfarbe zur Welt kommen. Schimmel ergrauen mit den Jahren, bis sie schließlich weiß sind.

153. Antwort b) ist richtig. Mit Buggelenk wird das Schultergelenk des Pferdes bezeichnet. Es ist ein Kugelgelenk, das sich zwischen Schulterpfanne und Oberarmbeinkopf befindet. Auch bei anderen Tieren, zum Beispiel Eseln oder Hunden, spricht man vom Buggelenk.

154. Antwort c) ist richtig. Die Trächtigkeit (Schwangerschaft) der Stute dauert etwa 340 Tage = 11 Monate. Stuten sind in der Lage, den Zeitpunkt der Geburt zu bestimmen. Eine Fähigkeit, die sie sich aus ihrer Zeit als Beutetiere erhalten haben. Denn damals war es lebenswichtig, für die Geburt einen Ort und einen Zeitpunkt zu finden, an dem keine Gefahr drohte.

155. Antwort c) ist richtig. Pferde leben im Allgemeinen 20–30 Jahre. Es kommt jedoch auch auf die Rasse an. Frühreife Pferde leben im Allgemeinen nicht so lange wie spätreife Pferde. Ponys leben etwas länger, und Esel haben eine noch höhere Lebenserwartung.

156. Antwort b) ist richtig. Die Stutfohlen haben es eiliger, auf die Welt zu kommen. Im Durchschnitt werden sie zwei Tage früher als die Hengstfohlen geboren.

157. Antwort a) ist richtig. Außer auf der Brust hat jedes Pferd auch auf der Stirn, am Hinterkopf und auf der Leiste Wirbel. Zudem kann ein Pferd noch bis zu 100 Wirbel an anderen Stellen des Körpers haben.

158. Antwort b) ist richtig. Bei einem so genannten Karpfengebiss stehen die oberen Schneidezähne hervor. Stehen die Schneidezähne des Unterkiefers hervor, nennt man es Hechtgebiss. In beiden Fällen treffen die oberen und die unteren Schneidezähne nicht aufeinander, was zur Folge hat, dass die Zähne zu lang werden, weil sie sich nicht abnutzen.

159. Antwort c) ist richtig. Ein Schließmuskel am Übergang von der Speiseröhre zum Magen lässt die Nahrung nur portionsweise durch. Dieser Schließmuskel ist auch der Grund, warum Pferde nicht erbrechen können. Der Weg vom Magen in die Speiseröhre ist verschlossen.

160. Antwort c) ist richtig. Zuerst erscheinen bei der Geburt die gestreckten Vorderbeine des Fohlens, dann der Kopf. Zuvor kommt aber eine Blase mit dem Harn des Fohlens. Sie weitet den Geburtskanal.

161. Antwort c) ist richtig. Der Kötenbehang wächst an der Rückseite von Fesselkopf und Röhrbein. Da er die Fesselbeuge vor Verletzungen schützt, sollte man ihn nicht beschneiden.

162. Antwort b) ist richtig. Kreuzverschlag, eine Muskelerkrankung, kann entstehen, wenn das Pferd zu wenig Bewegung hat und zu viel Futter bekommt. Ist das Pferd an Kreuzverschlag erkrankt, ist es unfähig, sich zu bewegen.

163. Antwort c) ist richtig. Fohlen haben auch Milchzähne. Die ersten, die beiden inneren Schneidezähne, kommen etwa 2 Wochen nach der Geburt. Von einigen Backenzähne gibt es allerdings keine Milchzähne. Der Zahnwechsel erfolgt zwischen dem 2. und dem 5. Lebensjahr.

164. Antwort c) ist richtig. 4-mal im Jahr sollte eine Wurmkur durchgeführt werden. Die beste Bekämpfung der Würmer (Parasiten) ist dennoch die Vorbeugung. Der Stall sollte sauber sein, den Kot sollte man täglich entfernen und nasse Weiden meiden.

165. Antwort b) ist richtig. Der Wasserbedarf eines Pferdes liegt bei 5–12 l pro 100 kg. Wenn das Pferd 500 kg wiegt, braucht es 25–60 l am Tag. Es bevorzugt Wasser zwischen 8 und 12 Grad.

166. Antwort b) ist richtig. Das Wasser gleitet dort am Körper des Pferdes ab, wo der Haarbewuchs geringer ist. Der Haarstrich (die Richtung, in der die Haare liegen) und die Wirbel helfen, das Wasser dort hinzulenken.

167. Antwort a) ist richtig. Pferde können hören, dass ein Erdbeben kommt, da sie ein sehr gutes Hörvermögen haben. Es reicht bis etwa 25.000 Hertz, das des Menschen nur bis etwa 20.000 Hertz.

168. Antwort c) ist richtig. Der Kot der Pferde sollte dunkelgrün sein. Das gilt allerdings nicht in der Weidesaison, da schon geringe Mengen Gras den Kot grün färben. Braungelber Kot weist darauf hin, dass das Pferd zu wenig Heu gefressen hat.

169. Antwort b) ist richtig. Ein Fohlen sollte frühestens nach 6 Monaten von der Mutter getrennt werden. Freilebende Stuten setzen ihre Fohlen gewöhnlich erst vor der Geburt ihres nächsten Fohlens ab.

170. Antwort c) ist richtig. Fohlen, die bis zum 31. Oktober zur Welt kommen, gelten als am 1. Januar geboren. Fohlen, die vom 1. November bis 31. Dezember geboren werden, werden dem 1. Januar des nächsten Jahres zugerechnet. Bei Galoppern und Trabern gilt bei allen innerhalb eines Jahres geborenen Fohlen der 1. Januar als Geburtstag.

171. Antwort c) ist richtig. Pferde können auch noch im Alter von 20 Jahren Nachkommen zeugen (20 Pferdejahre entsprechen ungefähr 60 Menschenjahre). Ein berühmtes Beispiel ist der Zuchthengst Nothern Dancer, der auch noch im höheren Alter aktiv war und für dessen Kinder Millionen Dollar gezahlt wurden.

172. Antwort c) ist richtig. Old Billy lebte von 1760 bis 1822 und arbeitete als Schlepper von Kanalbooten. Tango Duke ist das bisher älteste Vollblutrennpferd. Er starb mit 42 Jahren (1935–1978).

173. Antwort b) ist richtig. Lahmen ist keine Krankheit, sondern ein Symptom. Es zeigt an, dass das Pferd entweder beim Auftreten Schmerzen hat oder wenn es ein Bein nach vorne bewegt.

174. Antwort c) ist richtig. Eine Stute, die geschlechtsreif ist, aber noch nie von einem Hengst gedeckt wurde, nennt man Maidenstute.

175. Antwort c) ist richtig. Das Heu muss 3 Monate ablagern, bevor es verfüttert werden darf, weil auf vielen Wiesen Hahnenfuß wächst. Hahnenfuß enthält Giftstoffe, die sich erst nach 3 Monaten verflüchtigt haben.

176. Antwort c) ist richtig. Am Nicken des Kopfes kann man erkennen, mit welchem Vorderfuß das Pferd lahmt. Wenn es mit dem gesunden Bein auftritt, senkt sich sein Kopf, tritt es mit dem kranken auf, hebt es ihn. Ähnlich verhält es sich mit den Hinterbeinen. Hier muss man das Wippen der Kruppe beobachten.

177. Antwort a) ist richtig. Mit „Schildern" bezeichnet man die Entlastung eines Hinterbeins. Das Pferd verlagert das Gewicht auf ein Hinterbein, winkelt das andere ab und stellt es auf die Hufspitze. Pferde schildern zum Beispiel, wenn sie dösen.

178. Antwort b) ist richtig. Ein Pferd hat pro kg seines Körpergewichtes 60–100 ml Blut. Ein Pferd, das 500 kg wiegt, hat 50–60 l Blut. Ein erwachsener Mensch hat etwa 5 l.

179. Antwort a) ist richtig. Pferde können sich erkälten. Sie husten und haben Schnupfen (Nasenausfluss). Für Pferde ist eine Erkältung schlimmer als für Menschen, denn sie können nicht „durch den Mund atmen, wenn die Nase verstopft ist".

180. Antwort c) ist richtig. Räude verursacht Haarausfall, zudem auch Juckreiz und Hautausschlag. Es sollte unbedingt ein Tierarzt hinzugezogen werden, auch weil Räude eine anzeigepflichtige Seuche ist.

181. Antwort b) ist richtig. Ein Pferd mit schräger Kruppe hat in der Regel sowohl Schub- als auch Tragkraft und ist somit ein gutes Sportpferd. Eine gerade Kruppe deutet eher auf ein Pferd mit großer Schubkraft, aber geringer Tragkraft hin. Pferde mit abschüssiger Kruppe haben eher weniger Schubkraft, dafür mehr Tragkraft.

182. Antwort b) ist richtig. Normalerweise sind die Ohren des Pferdes kühl. Hat es Fieber, sind sie warm. Allerdings reagieren Pferde auf die Temperatur der Umgebung, und auch wenn sie kaltes Wasser trinken, sinkt die Temperatur. Hat das Pferd über 38°, nachdem es eine Stunde geruht hat, sollte man den Tierarzt anrufen.

183. Antwort b) ist richtig. Wenn das Pferd zu viel Sand mitfrisst, lagert der sich im Darm ab und kann nicht mehr weitertransportiert werden. Das kann im schlimmsten Fall bis zur Darmzerreißung und zum Tod des Pferdes führen. Ursachen können zum Beispiel eine schlechte Weide oder nicht gut gereinigte Möhren oder Rüben sein.

184. Antwort c) ist richtig. Die Gefahr besteht darin, dass das Pferd mit den Beinen so nah an die Boxenwand gerät, dass es nicht mehr aufstehen kann. Es „legt sich fest". In diesem Fall muss man versuchen, es auf die andere Seite zu drehen, oder, wenn das nicht geht, es wegzuziehen.

185. Antwort a) ist richtig. Ein Wallach hat eher ein Hochrechteckformat, ein Hengst eher ein Quadratformat und eine Stute ein Langrechteckformat. Das Format ergibt sich aus der Länge des Rumpfes im Verhältnis zur Größe.

186. Antwort b) ist richtig. Ab dem 300. Trächtigkeitstag ist das Fohlen so weit entwickelt, dass es überleben kann, wenn es zu früh auf die Welt kommt.

187. Antwort a) ist richtig. Jüngere Pferde haben noch nicht genug Abwehrkräfte, so dass sich die Spulwürmer (Parasiten) in ihrem Dünndarm einnisten können. Spulwürmer sind etwa 35 cm lang und bleistiftdick. Das Pferd nimmt sie durch Futter oder Wasser auf.

188. Antwort c) ist richtig. Das Pferd hat 250 Paarmuskeln. Insgesamt hat es 520 Muskeln.

189. Antwort b) ist richtig. Nach 6 Monaten Trächtigkeit kann man fühlen, wie sich das Fohlen im Bauch der Stute bewegt. Besonders munter ist es, nachdem seine Mutter getrunken hat.

190. Antwort c) ist richtig. Bei Anzeichen einer Kolik muss sofort der Tierarzt gerufen werden. Kolik ist eine Sammelbezeichnung für Magen- und Darmerkrankungen. Das Pferd kann an Verstopfung, Blähungen, an Darmkrämpfen leiden oder einen Darmverschluss haben.

191. Antwort b) ist richtig. Der Aalstrich, ein schwarzer oder dunkler Haarstrich, zieht sich über das gesamt Rückgrat bis zur Schweifwurzel.

192. Antwort b) ist richtig. Die Mauke ist eine Erkrankung der Haut an der Fesselbeuge. Sie entwickelt sich zum Beispiel, wenn das Pferd zu lange auf feuchtem oder nassem Boden steht oder wenn die Beine zu stark abgespritzt werden.

193. Antwort c) ist richtig. Wird ein Kopf als trocken bezeichnet, liegt die Haut eng an und die Knochenumrisse zeichnen sich ab. Ein trockener Kopf wie auch trockene Gelenke werden den schwammigen Gelenken, bei denen Fettgewebe unter der Haut liegt, vorgezogen.

194. Antwort b) ist richtig. Mittlerweile sind viele Knochenbrüche heilbar. Allerdings ist es ein Problem, das Pferd so lange ruhig zu halten, bis der Bruch geheilt ist.

195. Antwort b) ist richtig. Pferde pinkeln niemals in Bewegung, sie stehen dabei. 5–7-mal pro Tag müssen sie ihre Blase entleeren. Das Koten, die Entleerung des Darms, dagegen kann auch in der Bewegung erfolgen.

196. Antwort b) ist richtig. Der Haarwechsel im Frühjahr beziehungsweise im Herbst belastet das Pferd und schwächt seinen Organismus. Daher ist es in dieser Zeit für Krankheiten anfälliger.

197. Antwort b) ist richtig. Mit kuhhessig werden X-Beine bezeichnet. Hat das Pferd O-Beine, sagt man, dass sie eine fassbeinige Stellung haben. Beide Stellungen kommen nur bei den Hinterbeinen vor.

198. Antwort c) ist richtig. Ungenügende Hufpflege kann Strahlfäule zur Folge haben, das heißt, der Hornstrahl fault. Daher ist es wichtig, den Huf immer gut auszukratzen. Und auch die Einstreu in der Box darf nicht feucht sein.

199. Antwort c) ist richtig. Weiße Haare im andersfarbigen Deckhaar nennt man Stichelhaar. Auch in Mähne und Schweif finden sich vereinzelt weiße Haare.

200. Antwort b) ist richtig. Pferden wurde der Schweif verkürzt, weil er sich in den Fahrleinen verfing. Manchmal geschah es allerdings auch, um die kräftige Muskulatur der Hinterhand besser zur Geltung zu bringen. Das operative Verkürzen des Schweifes (das Kupieren) ist heute vom deutschen Tierschutzgesetz verboten.

201. Antwort b) ist richtig. Wenn das Pferd sich selbst mit den Hinterhufen an die Hufsohle, den Ballen oder die Fesselbeuge des Vorderbeins schlägt, nennt man das „greifen".

202. Antwort b) ist richtig. Pferde mit hohem, steil abfallendem Widerrist neigen eher zu Satteldruck = Verletzungen der Haut, die entstehen, wenn der Sattel an bestimmten Stellen drückt oder scheuert.

203. Antwort c) ist richtig. Mit „Gurtentiefe" oder auch „Tiefe" bezeichnet man den Brustumfang des Pferdes. Er wird Gurtentiefe genannt, weil er dort gemessen wird, wo der Sattelgurt liegt. Pferde mit geringer Tiefe sind oft nicht so leistungsfähig, weil Herz und Lunge im Brustraum zu wenig Platz haben.

204. Antwort b) ist richtig. Darmstein, steinähnliche Gebilde im Dickdarm, kann entstehen, wenn das Pferd zu viel Kleie bekommt.

205. Antwort b) ist richtig. Mit Hanken werden Hüft-, Knie- und Sprunggelenk des Pferdes zusammengefasst.

206. Antwort b) ist richtig. Dem ungeborenen Fohlen wachsen nach ungefähr 4 Monaten an Ober- und Unterlippe die ersten Härchen. Nach 6 Monaten wachsen auch an den Nüstern, den Augenbrauen und Lidern Haare.

207. Antwort c) ist richtig. Man sagt, das Pferd „bügelt", wenn es die Vorderbeine unterhalb des Vorderfußwurzelgelenks nach außen schwingt. In der deutschen Zucht bewertet man das Bügeln als Fehler.

208. Antwort a) ist richtig. Das Pferd ist sehr empfindlich. Es spürt selbst eine Fliege. Hier spricht man vom passiven Tastsinn, wie auch bei der Wahrnehmung von Schmerz, Kälte oder Wärme. Beim aktiven Tastsinn erfühlt oder ertastet das Pferd etwas.

209. Antwort b) ist richtig. Schwellungen, die sich durch eine vermehrte Bildung der Sehnen- und Gelenkflüssigkeit an den Gelenken bilden können, so genannte Gallen, sind nicht gefährlich und schmerzhaft, solange sie weich sind. Wenn sie sich jedoch verhärten, ist das Gelenk nicht mehr so beweglich und die Gelenkränder können sich entzünden.

210. Antwort b) ist richtig. Das Pferd kann sich das Schlüsselbein nicht brechen, weil es keines hat.

211. Antwort c) ist richtig. Das Pferd ist ein Herdentier, es braucht seine Artgenossen. Darum sollte man ein Pferd nicht allein halten. Lässt es sich nicht vermeiden, sollte man ihm zumindest ein Schaf oder eine Ziege zur Gesellschaft geben.

212. Antwort c) ist richtig. Pferde halten 1,80–3 m Abstand voneinander. Näher lassen sie nur Pferde kommen, die sie mögen.

213. Antwort a) ist richtig. Das Pferd schläft nur etwa 3 Stunden pro Tag. Davon sind 2 Stunden leichter Schlaf und nur 45 Minuten tiefer Schlaf. Eine Katze dagegen, die kein Beutetier ist wie das Pferd, sondern ein Raubtier, schläft etwa 16 Stunden am Tag.

214. Antwort b) ist richtig. Auf der Weide suchen sich Pferde meistens einen bestimmten Platz als Toilette aus. Im Stall tun sie das nicht.

215. Antwort b) ist richtig. In der freien Natur erfolgt die Trennung von Stute und Fohlen sehr langsam. Das Fohlen wird nach und nach immer selbstständiger und baut sich Beziehungen zu Gleichaltrigen auf.

216. Antwort c) ist richtig. Wild oder halbwild lebende Pferde grasen einen Großteil des Tages – nämlich 16 Stunden. Dabei bewegen sie sich langsam vorwärts. Ihre Hauptnahrung ist Gras, sie fressen aber auch Beeren, Nüsse und Früchte.

217. Antwort b) ist richtig. Das Pferd drängt schnell zum Stall zurück, selbst wenn es nach einem Ausritt müde ist, weil der ihm Sicherheit bietet. Hier kennt das Pferd alle Geräusche und Gerüche. Es passiert viel seltener etwas Unerwartetes und somit Bedrohliches als im Freien.

218. Antwort c) ist richtig. Wild oder halbwild lebende Pferde können Giftpflanzen erkennen. Pferde, die im Stall aufwachsen, können es nicht mehr. Daher muss man die Weide und auch die Umgebung der Weide sehr sorgfältig nach Giftpflanzen absuchen.

219. Antwort c) ist richtig. Pferde können im Stehen schlafen, meistens dösen sie jedoch nur. Dabei wird ein Hinterbein zur Entlastung leicht angehoben. Um richtig zu schlafen, legen sie sich hin, jedoch nur, wenn sie sich sicher fühlen oder ein Artgenosse wacht.

220. Antwort c) ist richtig. Pferde heben oder senken den Kopf, um etwas besser sehen zu können, denn sie können ihre Augen nicht nach oben oder unten bewegen.

221. Antwort b) ist richtig. Im Normalfall kann das Fohlen eine Stunde nach der Geburt stehen. Kann es dies nach zwei Stunden immer noch nicht, ist es krank oder zu schwach entwickelt. In der freien Natur ist dies sehr wichtig, denn es muss schnell in der Lage sein, mit der Herde zu fliehen, die Mutter kann es ja nicht tragen.

222. Antwort b) ist richtig. Viele angeborene Verhaltensweisen, die Instinkte, sind nach wie vor beim Pferd vorhanden. Einige sind aber verloren gegangen, so zum Beispiel der Instinkt, nicht mehr als nötig zu fressen.

223. Antwort c) ist richtig. Pferde, die viel in der Box stehen, beginnen manchmal zu „weben“: Kopf und Hals pendeln ununterbrochen hin und her. Dabei wird das Gewicht abwechselnd von dem einen auf das andere Vorderbein verlagert, was zu einer Abnutzung der Gelenke führen kann.

224. Antwort b) ist richtig. Pferde vermeiden es, auf glatten Flächen zu pinkeln, da sie es nicht mögen, wenn Urin an ihre Beine spritzt.

225. Antwort a) ist richtig. Pferde haben ein sehr gutes Gedächtnis. Sie können sich an Orte, Personen, Ereignisse und schmerzhafte Erfahrungen auch nach Jahren noch erinnern. Im Gegensatz zum Menschen kann das Erinnern jedoch nicht aktiv geschehen, sondern nur, wenn sie etwas wieder sehen oder erleben.

226. Antwort b) ist richtig. Man sollte das Pferd immer zuerst ansprechen und seine Reaktion abwarten. Dann erst nimmt man Körperkontakt auf, und zwar möglichst am Hals oder an der Schulter des Pferdes.

227. Antwort c) ist richtig. Pferde rollen mit den Augen, wenn sie panische Angst haben. Man sieht dann den weißen Teil des Auges.

228. Antwort a) ist richtig. Flieht die Herde, bleiben die Pferde nah beieinander, denn so hat das Raubtier weniger Chancen, eines zu erwischen. Die Fohlen werden in die Mitte genommen, die Leitstute stürmt voraus. Nicht nur vor Raubtieren, auch vor anderen Gefahren fliehen Pferde auf diese Weise.

229. Antwort c) ist richtig. Pferde vermeiden den Kampf, da bei Siegern wie Verlierern die Verletzungsgefahr recht hoch ist. Und ein verletztes Pferd in freier Natur ist leichte Beute. So versuchen Pferde zunächst, den Gegner mit Drohgebärden, Warnlauten und leichten Körperstößen zum Aufgeben zu bewegen.

230. Antwort b) ist richtig. Pferde zeigen sich ihre Zuneigung, indem sie sich gegenseitig das Fell kraulen, sich beknabbern. Man nennt das soziale Fellpflege.

231. Antwort b) ist richtig. Auf Turnieren und Reitjagden werden Pferde, die dazu neigen, Artgenossen oder Menschen zu treten, zur Warnung mit einer roten Schleife am Schweifansatz gekennzeichnet.

232. Antwort c) ist richtig. In 90% aller Fälle kommen die Fohlen zwischen 19 und 7 Uhr zur Welt, und von diesen wiederum die meisten zwischen 21 und 2 Uhr. Die Stuten wählen bewusst einen Zeitpunkt, an dem sie möglichst ungestört sind.

233. Antwort c) ist richtig. Eine Untersuchung unter frei lebenden amerikanischen Pferden hat gezeigt, dass die Hengste die Stuten ihrer Herde gezielt nach der Fellfarbe zusammenstellten. Man nimmt an, dass diese Hengste durch die Farbe der Mutter geprägt sind.

234. Antwort b) ist richtig. Ein Fohlen fordert ein anderes zum Spielen auf, indem es den Schweif so hoch wie möglich in die Luft reckt. Manchmal lässt es seinen Schweif auch noch kreisen.

235. Antwort c) ist richtig. Wenn die Stute kurz vor der Geburt ihr Fell leckt, folgt sie einem Instinkt, denn das Erste, was sie nach der Geburt tut, ist, das Neugeborene abzulecken.

236. Antwort b) ist richtig. Das Schnauben eines Pferdes ist nur 50 m weit zu hören. Schnauben bedeutet, dass das Pferd neugierig, aber auch ängstlich ist. Daher sollen nur die Artgenossen es hören, dem Raubtier wird die Anwesenheit und der Standort der Herde somit nicht verraten.

237. Antwort a) ist richtig. Pferde können von Natur aus schwimmen. Sie schwimmen, indem sie im Wasser traben. Dabei halten sie den Kopf hoch, damit kein Wasser in die Gehörgänge dringt, denn dadurch könnten sie ihr Gleichgewicht verlieren und ertrinken.

238. Antwort c) ist richtig. Es gibt mehrere Arten des Wieherns. So zum Beispiel das Begrüßungs-Wiehern unter Pferden, die sich kennen. Das Mutter-Wiehern, das das Fohlen auffordert, näher zur Mutter zu kommen. Mit dem Ortungs-Wiehern verständigen sich die Herdenmitglieder.

239. Antwort c) ist richtig. Das Pferd, das körperlich am stärksten ist und das meiste Selbstbewusstsein hat, übernimmt in der Herde die Führungsrolle. Es trägt die Verantwortung für die ganze Herde. Kämpfe um die Rangordnung gewährleisten, dass immer die stärksten Tiere die Herde leiten und so größtmögliche Sicherheit bieten.

240. Antwort b) ist richtig. Hält das Pferd seinen Kopf schief, nennt man das verwerfen. In der Regel wehrt sich das Pferd damit gegen eine falsche Zügelhilfe.

241. Antwort b) ist richtig. Das allerwichtigste in der Beziehung zwischen Mensch und Pferd ist das Vertrauen. Vertraut das Pferd dem Menschen nicht so, wie es der Leitstute vertraut, wird es sich ihm oftmals widersetzen.

242. Antwort b) ist richtig. Man führt ein neues Pferd der Herde zu, indem man es zunächst auf einen abgegrenzten oder angrenzenden Teil der Weide stellt. So können sich die Pferde kennen lernen, ohne dass die Gefahr eines Kampfes besteht.

243. Antwort c) ist richtig. Das Fohlen trinkt ein Jahr Muttermilch. Erwartet die Stute kein neues Fohlen, kann es auch noch im zweiten, ja sogar im dritten Lebensjahr saugen. Allerdings ist nach 3 Monaten Milch nicht mehr die Hauptnahrungsquelle.

244. Antwort b) ist richtig. Ein Pferd signalisiert einem anderen, dass es den Kampf aufgibt, indem es sich wegdreht und davonläuft. Wenn das nicht möglich ist, versucht es das Pferd mit Unterwerfungsgesten, zum Beispiel durch seitliches Zurückwerfen des Kopfes oder das Einziehen des Schweifs.

245. Antwort b) ist richtig. In der Mehrzahl der Fälle bietet das rangniedrigere Pferd das Fellkraulen an. Das ranghöhere Tier bestimmt das Ende.

246. Antwort b) ist richtig. Pferde zeigen Abscheu gegen etwas, indem sie die Nüstern rümpfen. Aufgeblähte Nüstern dagegen sagen, dass das Pferd erregt ist. Allerdings nicht beim Araber, der als Wüstenpferd von Natur aus erweiterte Nüstern hat.

247. Antwort c) ist richtig. Sich hin und her bewegende Ohren zeigen, dass das Pferd aufmerksam ist. Es lauscht in alle Richtungen, was um ihn herum passiert, auch was der Reiter ihm sagt. Bei steil aufgerichteten Ohren ist das Interesse des Pferdes auf ein bestimmtes Geschehen gerichtet.

248. Antwort b) ist richtig. Der Kernsatz von Monty Roberts, dem berühmten Pferdeflüsterer, lautet: Der Mensch ist nicht Herr über das Pferd, sondern sein Partner. Bekannt wurde Monty Roberts, als er 1989 Königin Elisabeth II. seine Methode des sanften Umgangs mit Pferden vorstellte.

249. Antwort a) ist richtig. Pferde beginnen ihre Artgenossen an der Mähne zu kraulen. Dann beknabbern sie die Nackenseiten, die Schulterpartien, und schließlich den Rücken bis zum Schweifansatz. Pferde kraulen sich also die Körperstellen, an die sie selbst nicht heranreichen.

250. Antwort c) ist richtig. Das seitliche Abwinkeln der Ohren bedeutet Unterwerfung. In anderen Situationen kann diese Ohrstellung aber auch bedeuten, dass das Pferd müde oder teilnahmslos ist.

251. Antwort b) ist richtig. Handscheue Pferde lassen sich besonders ungern am Kopf anfassen. Ist ein Pferd kopfscheu, ist das in der Regel auf falsche Behandlung durch den Menschen zurückzuführen.

252. Antwort b) ist richtig. Bevor das Pferd sich wälzt, prüft es zunächst den Boden. Es beriecht ihn und scharrt, dann erst legt es sich hin. Wälzt sich ein Pferd, regt das oft die anderen zum Mitmachen an, manchmal wälzen sie sich auch auf derselben Stelle.

253. Antwort b) ist richtig. Will ein Pferd dem anderen sagen, „du bist stärker", senkt es bewusst den Schweif. Bei starker Angst presst es den Schweif an den Körper.

254. Antwort b) ist richtig. Die Herde, die aus einem Hengst und mehreren Stuten sowie den Jungtieren besteht, wird von der Leitstute geführt. Der Hengst hat die Aufgabe, die Herde zu beschützen.

255. Antwort a) ist richtig. Pferde sind sehr empfindlich gegen Lautstärke. Insofern erreicht man auch wenig, wenn man ein Pferd anbrüllt. Es wird eher trotzig oder ängstlich reagieren.

256. Antwort a) ist richtig. Pferde in baumreichen Gegenden wiehern häufiger, da sie sich oft nicht sehen. So nehmen sie Kontakt miteinander auf und verständigen sich, wo sie sich befinden.

257. Antwort c) ist richtig. Ist dem Pferd ein Beruhigungsmittel gegeben worden, hängen die Ohren seitlich schlaff herab, auch wenn es läuft. Hat es ein Aufputschmittel bekommen, sind die Ohren vollkommen steif.

258. Antwort b) ist richtig. Pferde, auch die Fohlen, stehen mit den Vorderbeinen zuerst auf, im Gegensatz zum Beispiel zu den Kühen, die mit den Hinterbeinen zuerst aufstehen.

259. Antwort b) ist richtig. Pferde reagieren auch auf die Laute anderer Tiere. Je entfernter sie mit dem jeweiligen Tier verwandt sind, desto weniger reagieren sie. Pferde antworten zum Beispiel Eseln und Zebras. Muht ein Rind, reagieren sie überhaupt nicht.

260. Antwort c) ist richtig. Pferde zeigen ihre Aufmerksamkeit nicht nur, indem sie etwas ansehen, sondern auch, indem sie es anlauschen. Zeigen die Ohren in verschiedene Richtungen, ist die Aufmerksamkeit des Pferdes geteilt.

261. Antwort b) ist richtig. Begegnen sich zwei fremde Pferde, nähern sie sich nur weiter an, wenn die Ohren des anderen aufgestellt sind und nach vorne zeigen.

262. Antwort b) ist richtig. „Pullen“ kommt aus dem Englischen und bedeutet ziehen. Das Pferd stürmt los und versucht sich der Führung des Reiters zu entziehen, indem es den Kopf nach unten nimmt und heftig im Maul ruckt.

263. Antwort c) ist richtig. Angelegte Ohren sagen „Hau ab!“. Je flacher das Pferd die Ohren anlegt, desto stärker ist die Warnung.

264. Antwort b) ist richtig. Winnetou und andere Helden in Karl Mays Romanen halten den Pferden die Nüstern zu, um sie am Schnauben zu hindern. Sonst wäre vielleicht ihr Versteck verraten worden. Denn Pferde schnauben nicht nur, wenn sie sich wohl fühlen, sondern auch zur Warnung.

265. Antwort a) und b) ist richtig. Pferde haben, genau wie Menschen, unterschiedliche Stimmen. Und Fohlen haben wie Kinder höhere Stimmen. Im 2. Lebensjahr kommen die Pferde in eine Art Stimmbruch und ihre Stimmen verändern sich.

266. Antwort c) ist richtig. Nur der Leithengst darf die Stuten decken. Schon im Fohlenalter versuchen die Hengste Stuten zu besteigen. Das duldet der Leithengst, da es nur ein Spiel ist. Doch sobald die Hengste geschlechtsreif sind und ernsthafte Versuche unternehmen, müssen sie die Herde verlassen. Sie bilden dann Junggesellenherden.

267. Antwort b) ist richtig. Das Pferd, das sich im Kampf als das stärkere erweist, setzt eher Bisse ein. Das schwächere Pferd dagegen neigt dazu, mit den Hinterbeinen zu treten.

268. Antwort b) ist richtig. Etwa zwei Monate nach der Geburt „weiß" das Fohlen, dass es ein Pferd ist. Voraussetzung ist allerdings, dass es unter Artgenossen aufwächst.

269. Antwort c) ist richtig. Das Pferd kann Schmerzen nicht durch Laute äußern, sondern nur durch Verhalten. Es ist jedoch nicht immer leicht festzustellen, ob ein Pferd Schmerzen hat, da sein Verhalten auch andere Gründe haben kann. So kann ein Pferd zum Beispiel durchgehen, weil es Angst hat, aber auch weil es Schmerzen hat.

270. Antwort b) ist richtig. Quiekt eine Stute schrill, gibt sie dem Hengst damit zu verstehen, dass sie noch nicht paarungsbereit ist.

271. Antwort b) ist richtig. Wenn ein Mensch von der Untugend oder auch Unart eines Pferdes spricht, meint er, dass das Pferd sich nicht so verhält, wie er es will. Das Pferd verhält sich aber nicht unartig, weil es böse ist, sondern weil es seinen Instinkten folgt, weil es vom Menschen falsch behandelt wird, von ihm falsch erzogen worden ist oder weil es ihm nicht vertraut.

272. Antwort c) ist richtig. Wenn Pferde ins Gitter ihrer Box beißen, sind sie erregt. Das geschieht oft kurz vor der Fütterung, hat damit aber nicht direkt zu tun. Vielmehr fehlt diesen Pferden die Auseinandersetzung mit ihren Artgenossen.

273. Antwort b) ist richtig. Trächtige Stuten verhalten sich den anderen Pferden oder auch dem Menschen gegenüber zurückhaltender, manchmal sogar ablehnend. Zudem sind sie vorsichtiger, futterneidischer und träger.

274. Antwort c) ist richtig. Pferde haben einen verhältnismäßig kleinen Magen. Daher fressen sie oft, dafür aber kleine Mengen. Werden sie im Stall gehalten, sollte man ein Netz mit Stroh aufhängen, aus dem sie sich immer mal wieder Halme zupfen können.

275. Antwort c) ist richtig. Manche Pferde strecken ihre Zunge raus, wenn der Reiter das Gebiss falsch anwendet. Sie tun das zeitweise oder sogar andauernd, also auch, wenn sie nicht aufgezäumt sind.

276. Antwort a) ist richtig. Die Stute liegt auf der Seite, wenn sie ihr Fohlen zur Welt bringt. Die eigentliche Geburtsphase dauert ungefähr 20 Minuten. Länger als eine Stunde darf sie nicht dauern.

277. Antwort c) ist richtig. Das Pferd trabt, während es im Schritt geht, von sich aus immer wieder an, ohne dass der Reiter eine entsprechende Hilfe gibt. Der Schritt des Pferdes ist dann sehr ungleichmäßig.

278. Antwort a) ist richtig. Pferde, die wild oder halbwild in Herden leben, kennen keinen Futterneid. Die Rangordnung legt fest, wer zuerst fressen darf und wer die besten Futterplätze bekommt. Dem fügen sich die Tiere.

279. Antwort b) ist richtig. Beim aggressiven Hengstwiehern sind nur die oberen Schneidezähne entblößt. Beim Kontaktwiehern sind nur die unteren Schneidezähne zu sehen.

280. Antwort c) ist richtig. Wenn Pferde ein Hinterbein anheben, drohen sie. Wird die Warnung missachtet, schlagen sie aus.

281. Antwort c) ist richtig. Nachdem die nach vorne zeigenden Ohren die Pferde ermutigen, sich einander zu nähern, sind sie trotzdem noch vorsichtig. Sie gehen Schritt für Schritt mit lang ausgestrecktem Hals aufeinander zu. Sollte eines plötzlich angreifen, braucht das andere nur den Hals zurückzuziehen, um aus der Gefahrenzone zu kommen.

282. Antwort b) ist richtig. Insbesondere Pferde, die im Stall gehalten werden, keinen Kontakt zu Artgenossen oder Langeweile haben, beginnen zu koppen, das heißt, Luft zu schlucken. Manche setzen dabei die oberen Schneidezähne auf ein Stück Holz, daher spricht man auch von Aufsatzkoppern.

283. Antwort c) ist richtig. 40–50-mal sucht das Fohlen innerhalb von 24 Stunden das Euter der Mutter. In den ersten Wochen trinkt es dabei je nach Rasse 8–20 l.

284. Antwort c) ist richtig. Um sich kennen zu lernen, pusten sich Pferde gegenseitig in die Nüstern, dann erst beschnuppern sie sich am ganzen Körper.

285. Antwort b) ist richtig. Man sollte mit Strafmaßnahmen sehr vorsichtig sein, da man in vielen Fällen selbst schuld ist, wenn das Pferd nicht macht, was man will, und es zudem oft instinktiv handelt. Wenn man straft, muss dies innerhalb von 3 Sekunden erfolgen, sonst weiß das Pferd nicht, warum es bestraft wurde.

286. Antwort a) ist richtig. Pferde wählen ihr Futter so sorgsam aus, weil sie nicht erbrechen können.

287. Antwort b) ist richtig. In den ersten Tagen nach der Geburt lebt die Stute zwar in der Herde, hält aber Abstand von den anderen. Erst wenn das Fohlen den Geruch seiner Mutter, ihre Farbe, ihre Bewegungen und ihre Stimme kennt, nähert sie sich der Herde wieder an.

288. Antwort b) ist richtig. Ein Pferd klebt, wenn es sich nicht aus der Box oder von seinen Artgenossen wegführen lässt oder seinen Platz in der Abteilung nicht verlassen will. Ursachen können der Herdentrieb oder schlechte Erfahrungen sein, die das Pferd außerhalb der Box gemacht hat. Auf jeden Fall aber hat das Pferd kein Vertrauen zum Menschen.

289. Antwort c) ist richtig. Um zu verhindern, dass ein Pferd zum Kopper, zum Luftschlucker, wird, sollte man es artgemäß unterbringen. Es sollte genügend Kontakt zu seinen Artgenossen haben und ausreichend Bewegung.

290. Antwort b) ist richtig. In über 70% der Fälle ist es der Hengst, der den Stuten folgt, da er Sorge hat, einer seiner Rivalen könnte sich ihnen nähern.

291. Antwort b) ist richtig. Fletscht das Pferd die Zähne und schüttelt dabei den Kopf, handelt es sich um eine stärkere Drohung als ein Warnlaut oder ein leichter Rempler. Das Pferd steigert seine Drohung auch durch Peitschen des Schweifs, durch Schlagen der Vorderbeine in Richtung des Gegners, Stampfen oder Wutschreie.

292. Antwort c) ist richtig. Von Stallmut spricht man, wenn sich ein Pferd nach längerem Stehen im Stall unbedingt Bewegung verschaffen und sich abreagieren muss.

293. Antwort b) ist richtig. Direkt hinter sich sieht das Pferd nichts. Das Spiel „Jagen“ kann aber nur funktionieren, wenn der Gejagte seinen Jäger sieht. Auch erwachsene Pferde spielen übrigens gern.

294. Antwort c) ist richtig. Das Fohlen sollte mit Artgenossen aufwachsen, damit es lernt, wie ein Pferd sich verhält.

295. Antwort b) ist richtig. Little Cloud lehnte es rigoros ab, graue Stuten zu decken. In derartigen Fällen verkleidet man die Stute mit einer Decke, die die gleiche Farbe wie das Fell der Mutter des Deckhengstes hat.

296. Antwort c) ist richtig. Das Pferd ist nicht nur am Tag, sondern auch in der Nacht aktiv, da es sehr wenig schläft. Das Pferd kann zumindest im Halbdunkel viel besser sehen als der Mensch.

297. Antwort a) ist richtig. Beißen ist beim Pferd eine aggressivere Handlung als Treten. Rempeln gehört zu den Drohgebärden.

298. Antwort b) ist richtig. Pferde wälzen sich zur Fellpflege, zum Beispiel nachdem sie geschwitzt haben. So trocknen sie ihr Fell und massieren es. Dreck schützt zudem vor Ungeziefer und Insekten. Pferde wälzen sich allerdings auch bei einer Kolik, dann schütteln sie sich aber in der Regel danach nicht.

299. Antwort b) ist richtig. Ein hin- und herschlagender Schweif drückt aus, dass dem Pferd etwas nicht passt. Natürlich schlägt das Pferd mit dem Schweif auch nach Insekten, aber das ist letztlich dasselbe: Auch sie passen dem Pferd nicht.

300. Antwort c) ist richtig. Man erkennt die Intelligenz daran, wie schnell das Pferd aus Erfahrungen lernt. Voraussetzung ist natürlich, dass es sich um gute Erfahrungen handelt. Es soll einmal ein Pferd gegeben haben, das kein trockenes Heu mochte und es deshalb in seine Tränke tunkte.

301. Antwort b) ist richtig. Ein Pferd sollte nie länger als 5 Stunden ohne Heu (Raufutter) sein. Bekommt ein Pferd zu wenig Raufutter, neigt es dazu, Erde und Kot zu fressen.

302. Antwort a) ist richtig. Es gibt Freundschaften unter Pferden. Befreundete Pferde kraulen sich nicht nur gegenseitig das Fell, sie grasen auch nebeneinander und haben selten Auseinandersetzungen. Mögen Pferde sich nicht, gehen sie einander aus dem Weg und drohen einander des Öfteren.

303. Antwort a) ist richtig. Das Kauen mit offenem Maul, ohne etwas zu fressen, gehört zu den Unterlegenheitsgesten des Pferdes. Es entschuldigt sich damit quasi und bittet, ihm nichts zu tun. Vor allem Fohlen und junge Pferde bis zum Alter von etwa 4 Jahren wenden diese Geste gegenüber älteren oder ranghöheren Pferden an.

304. Antwort b) ist richtig. Hengste versuchen, die Stute oder auch sich gegenseitig zu beeindrucken, indem sie den Hals hoch aufrichten und ihn biegen. Man bezeichnet das als Imponiergehabe.

305. Antwort b) ist richtig. Verlangt das Pferd nach Aufmerksamkeit, zum Beispiel durch Scharren, sollte man es nicht beachten, denn es ist eine Art Betteln. Auch wenn man das Pferd ausschimpft, schenkt man ihm Aufmerksamkeit. Es hat sein Ziel erreicht. Daher sollt man sich dem Pferd erst zuwenden, wenn es aufhört zu betteln.

306. Antwort b) ist richtig. Alte, kranke oder verletzte Tiere legen sich nicht hin, weil es sehr anstrengend ist. Sie können dabei kein Bein entlasten.

307. Antwort b) ist richtig. Pferde paaren sich vor allem in der Zeit von Ende Mai bis Ende Juli. 11 Monate später, wenn die Fohlen zur Welt kommen, ist es Frühling und es gibt frisches, eiweißreiches Gras.

308. Antwort b) ist richtig. Manche Pferde können an den Ausdünstungen des Menschen erkennen, dass er Angst hat oder aggressiv gestimmt ist. Je nachdem, ob sie ranghöhere oder unterwürfige Tiere sind, reagieren sie darauf entweder aggressiv oder unsicher und ängstlich.

309. Antwort b) ist richtig. Hengste markieren den Kot oder Urin der Stute, um den Rivalen zu sagen, „das sind meine Stuten". Sie markieren so auch ihr Revier. Manchmal kommt es unter Hengsten regelrecht zu Wettkämpfen, da der ranghöchste Hengst unbedingt als Letzter auf den Haufen äpfeln will. Es ist wie bei den Hunden: „Wer zuletzt pinkelt, hat gewonnen".

310. Antwort a) ist richtig. Ein Pferd, das in einer Herde einen niedrigen Rang einnimmt oder einnehmen würde, bereitet dem Menschen im Ungang mit ihm eher weniger Probleme, da es sich ihm unterordnet. Es ist in der Regel allerdings auch ängstlicher.

311. Antwort a) ist richtig. Die Unterlippe des Pferdes hängt nach unten, wenn das Pferd schläfrig ist. Auch der Schweif hängt dann herunter.

312. Antwort c) ist richtig. Kann das Pferd sich einer unangenehmen Situation nicht durch Weglaufen entziehen, wird es anfangen zu verhandeln. In der Vorführung von Monty Roberts geht es zu ihm und stupst ihn an. Auch in einer natürlichen Umgebung weisen Pferde dieses Verhalten auf.

313. Antwort b) ist richtig. GaWaNi Pony Boys Pferd Kola folgt ihm über Treppen und fährt auch Aufzug. Das Motto des Indianers lautet: „Nimm eine Beziehung zu deinem Pferd auf, behandle es als Pferd und es wird dir überallhin folgen."

314. Antwort c) ist richtig. Junge Pferde müssen lernen, wie sie einen Reiter richtig tragen. Anfangs lastet meistens zu viel Gewicht auf der Vorhand. Wichtig ist, dass das Pferd stärker die Hinterhand einsetzt, so dass auch sie einen Teil des Gewichts trägt.

315. Antwort b) ist richtig. Beim Galopp handelt es sich um einen Dreitakt. Galoppiert das Pferd auf einem härteren Untergrund, kann man hören, mit welchem Bein oder welchen Beinen das Pferd den Boden berührt. Beim Linksgalopp: Erst fußt das Pferd hinten rechts auf (1. Takt), dann gleichzeitig hinten links und vorne rechts (2. Takt), dann vorne links (3. Takt). Daran schließt sich eine Schwebephase an, das heißt kein Bein berührt den Boden. Der Schritt dagegen ist ein Viertakt, der Trab ein Zweitakt.

316. Antwort b) ist richtig. Das Reiten eines Kreises von 20 m Durchmesser wird als Zirkel bezeichnet. Den kleinen Kreis von etwa 6 m Durchmesser nennt man Volte. Beides sind Hufschlagfiguren: festgelegte Übungen für Reiter und Pferd.

317. Antwort b) ist richtig. Beim Schritt sind immer drei Hufe auf dem Boden.

318. Antwort b) ist richtig. Bevor man die Reithalle betritt, ruft man „Tür frei?". Erst wenn der Ruf: „Tür ist frei", erfolgt ist, darf man die Halle betreten. So kommt man den Reitern in der Halle nicht in die Quere und erschreckt ihre Pferde nicht.

319. Antwort b) ist richtig. Für den Speerlauf braucht man ein nervenstarkes Pferd. Jeder Reiter versucht mit einem Stock, an dem eine Nadel befestigt ist, so viele Luftballons wie möglich zu zerstechen. Längst nicht jedes Pferd bleibt ruhig, wenn es vor, neben und hinter ihm knallt.

320. Antwort b) ist richtig. Man spricht vom Dreischlag, wenn das Pferd mit den Hinterbeinen im Takt des Trabs läuft, mit den Vorderbeinen im Galopp. Der Dreischlag gilt in der Dressur und beim Trabrennen als Fehler. Er tritt besonders häufig bei Trabern auf, wenn sie nach ihrer Rennkarriere zum Freizeitreiten genutzt werden.

321. Antwort b) ist richtig. Bei einer Quadrille führen 4 oder mehr Pferde Dressurlektionen mit musikalischer Begleitung vor. Berühmte Beispiele sind die Quadrille der Hengstparade des Landesgestüts Celle und die Quadrille der Lipizzanerhengste der Spanischen Hofreitschule in Wien.

322. Antwort b) ist richtig. Unerfahrene Pferde sollten bei einem Ausritt in der Mitte der Gruppe gehen. So können sie sich an den erfahrenen Pferden vor sich orientieren, und die Reiter hinter ihnen sehen, ob alles in Ordnung ist.

323. Antwort c) ist richtig. Gymkhanas sind Reiterspiele, Geschicklichkeitswettbewerbe, in denen Pferde, Ponys und Reiter der unterschiedlichsten Reitweisen gegeneinander antreten.

324. Antwort b) ist richtig. Die Verständigung zwischen Reiter und Pferd nennt man „Hilfen“. Zu den natürlichen Hilfen gehören die Schenkelhilfe, Gewichts- und Kreuzhilfen, Zügelhilfe und die Stimme des Reiters.

325. Antwort c) ist richtig. Ursprünglich wurde der Westernsattel für Soldaten entwickelt. Die besondere Form des Sattels sowie die langen Steigbügel sollten dem Soldaten im Kampf einen festen, sicheren Sitz verschaffen. Später entwickelten mexikanische Farmer ihn weiter zu einem geeigneten Sattel für die Arbeit der Cowboys.

326. Antwort b) ist richtig. Die Kardätsche ist eine Bürste, mit der man tief sitzenden Dreck und Fett aus dem Fell bekommt. Man benutzt sie immer zusammen mit einem Striegel, an dem man sie abstreift und so reinigt.

327. Antwort b) ist richtig. Etwa eine Stunde vor dem Bewegen sollte das Pferd nicht mehr gefüttert werden, da der Magen hinter dem Zwerchfell, das das Pferd zum Atmen braucht, liegt. Ist er zu voll, können sich die Lungenflügel nicht mehr genügend ausdehnen.

328. Antwort c) ist richtig. Die Stimme als Hilfe und Mittel der Verständigung wird oft vernachlässigt oder vergessen. Brüllen nützt allerdings wenig, da Pferde auf Lautstärke empfindlich reagieren.

329. Antwort c) ist richtig. Will man absitzen, nimmt man zuerst beide Beine aus den Bügeln, dann greift man mit der linken Hand beide Zügel, beugt sich leicht vor und schwingt das rechte Bein vorsichtig über den Pferderücken.

330. Antwort a) ist richtig. Der Pass, bei dem sich beide Beine einer Seite gleichzeitig vorwärts bewegen, ist die schnellere Gangart. Der Pass ist zudem für den Reiter bequemer als der Trab.

331. Antwort c) ist richtig. Selbst einem Profi rutscht das Herz in die Hose, wenn das Pferd steigt, da die Gefahr besteht, dass es sich überschlägt. Steigt das Pferd, muss man mit den Zügeln nachgeben, auch wenn man es damit eigentlich belohnt, und mit den Armen um den Hals greifen.

332. Antwort c) ist richtig. Die Konquistadores, die spanischen Eroberer, brachten nicht nur Pferde nach Amerika, sondern auch ihre Art zu reiten. So wurde die Grundlage für das heutige Westernreiten gelegt.

333. Antwort b) ist richtig. Hunde mit ausgeprägtem Jagdinstinkt werden jede Gelegenheit nutzen, einem Wild oder seiner Fährte hinterherzuhetzen. Zudem sollte man darauf achten, dass der Hund die notwenige Kondition hat. Hunde mit sehr kurzen Beinen wie zum Beispiel Dackel können mit einem Pferd schlecht Schritt halten.

334. Antwort b) ist richtig. Die 4 Geschwindigkeiten des Galopps sind der Arbeitsgalopp, der Mittelgalopp, der versammelte Galopp und der starke Galopp.

335. Antwort b) ist richtig. Der Reiter, der auf der linken Hand (die linke Hand zeigt Richtung Bahnmitte) reitet, hat Vorfahrt. Zudem gilt: Abteilung vor Einzelreiter und schnellere vor langsamerer Gangart.

336. Antwort b) ist richtig. Es gibt Pferde, die den Druck des Sattels nicht ertragen können, manche haben sogar Angst vor ihm. Man spricht dann von Sattelzwang. Wirft das Pferd sich beim Satteln hin, hat es Schmerzen oder es erinnert sich an sehr schlechte Erfahrungen beim Satteln.

337. Antwort b) ist richtig. Ist sein Rücken gerade, kann das Pferd nicht buckeln. Daher sollte man bei einem Pferd, das wilde Sprünge macht (buckelt), versuchen, seinen Kopf nach oben zu bekommen, da dann sein Rücken gerade wird. Buckeln kann auf Schmerzen hindeuten, aber ist oft auch einfach ein Ausdruck von Lebensfreude.

338. Antwort c) ist richtig. Außer Schritt, Trab und Galopp beherrschen einige Rassen auch noch den Pass und den Tölt, wie zum Beispiel die Islandpferde.

339. Antwort a) ist richtig. Natürlich ist auch ein guter Sitz wichtig, das Wichtigste aber ist eine gute, weiche Hand. Abgesehen davon, dass man mir einer groben Zügelführung nie das erreicht, was man vom Pferd will, tut sie dem Pferd auch weh.

340. Antwort b) ist richtig. Das Aufsteigen aus erhöhter Position, zum Beispiel von einem Podest aus, wird zwar als unsportlich verhöhnt, ist aber für das Pferd das Beste, da es beim Aufsitzen vom Boden aus einseitig belastet wird, manchmal sogar sehr stark, wenn sich der Reiter am Sattel hochzieht. Man kann sich auch von einem anderen Reiter helfen lassen und mittels Räuberleiter aufsitzen.

341. Antwort a) ist richtig. Beim Satteln sollte man darauf achten, dass der Gurt nicht gegen die Beine des Pferdes schlägt, da das sehr schmerzvoll sein kann.

342. Antwort b) ist richtig. Wenn das erfahrene, ruhigere Führpferd nicht beunruhigt ist, wird sich auch das ängstliche Pferd eher sagen, dass es keinen Grund zum Scheuen gibt.

343. Antwort b) ist richtig. Den festgelegten Weg in der Reitbahn nennt man Hufschlag. Entlang des Hufschlags markieren Buchstaben Bahn-, Wechsel- und Zirkelpunkte.

344. Antwort b) ist richtig. Ein nass geschwitztes Pferd wird entweder im Schritt trocken geritten oder man führt es so lange, bis es trocken ist. Bei warmem Wetter kann man auch die Beine des Pferdes abspritzen und den Körper mit einem feuchten Schwamm abwaschen. Nie sollte man ein nass geschwitztes Pferd einfach in den Stall stellen.

345. Antwort b) ist richtig. Macht man mit einem jungen Pferd einen Ausritt, sollten andere Pferde dabei sein, die im Gelände erfahren und sicher sind. An ihnen kann sich das Jungpferd orientieren. Die ersten Ausritte sollten nicht zu lang sein, nur im Schritt geritten werden und man sollte dem Pferd die Möglichkeit geben, sich alles in Ruhe anzuschauen und zu beschnuppern.

346. Antwort b) ist richtig. Man spricht von hoher Aktion, wenn das Pferd die Beine sehr hoch nimmt, dabei aber nicht so weit vorwärts kommt.

347. Antwort b) ist richtig. Wenn der Reiter beim Aussitzen im Trab nicht am Sattel „kleben“ bleiben kann, sondern hochgeworfen wird, dann spricht man davon, dass sein Gesäß „klappt“.

348. Antwort a) ist richtig. Bandagen werden an der Außenseite der Beine geschlossen. Wichtig ist zudem, dass beim Bandagieren keine Druckstellen entstehen und die Bandage nicht zu fest sitzt, weil das den Blutkreislauf beeinträchtigt.

349. Antwort c) ist richtig. Unter Beizäumung versteht man, dass der Hals des Pferdes aufgerichtet und gewölbt ist, so dass das Genick der höchste Punkt ist und der Kopf fast senkrecht steht. Beizäumung sieht man nicht nur bei Pferden, die geritten werden, sondern zum Beispiel auch beim Hengst, wenn er Stuten beeindrucken will.

350. Antwort b) ist richtig. Ein Pferd, das energisch vorwärts geht und mit der Hinterhand gut untertritt, das heißt seine Hinterbeine weit nach vorn unter den Bauch setzt, kann nicht schlagen. Man sollte sich allerdings auch damit beschäftigen, warum das Pferd schlagen will.

351. Antwort c) ist richtig. Den Sattel soll man im Galopp „auswischen". Gemeint ist, dass man sich den Galoppsprüngen geschmeidig anpassen soll. Das heißt nicht, dass man im Sattel hin- und herrutschen soll, vielmehr dass das Becken in der Bewegung mitschwingt.

352. Antwort b) ist richtig. Der freie Schritt, auch Schritt am langen Zügel genannt, ist eine Belohnung für das Pferd.
Das Pferd kann seinen Hals strecken und sich entspannen.

353. Antwort b) ist richtig. Beim Kreuzgalopp geht das Pferd vorne Rechtsgalopp und hinten Linksgalopp oder umgekehrt. In der Regel sind falsche Hilfen des Reiters die Ursache.

354. Antwort c) ist richtig. Beim Freispringen springt das Pferd ohne Reiter. Das Freispringen setzt man in der Ausbildung des Pferdes ein, um sein Sprungvermögen zu testen oder auch bei Pferden, die nicht mehr springen wollen.

355. Antwort b) ist richtig. Geht das Pferd durch, sollte man versuchen, es auf einen Kreis abzuwenden und diesen Kreis dann immer mehr zu verkleinern.

356. Antwort a) ist richtig. Hunderassen wie zum Beispiel Border Collies oder Australian Shephards neigen dazu, das Pferd hüten zu wollen, so wie sie Schafe hüten. Sie wollen es in eine Richtung lenken oder stoppen. Für den Hund kann das sehr gefährlich sein.

357. Antwort c) ist richtig. Mit „Abwarten" bezeichnet man die Pflege des Pferdes nach dem Arbeiten. Sie beginnt damit, dafür zu sorgen, dass das Pferd nicht nass geschwitzt in den Stall gestellt wird.

358. Antwort a) ist richtig. Die richtige Länge des Steigbügelriemens ist in etwa die Länge des ausgestreckten Arms des Reiters. Im Gelände und beim Springen reitet man jedoch mit kürzeren Steigbügelriemen.

359. Antwort b) ist richtig. Bei der Gelassenheitsprüfung hat das Pferd 10 Prüfungen zu bewältigen. Es muss zum Beispiel beweisen, dass flatternde Bänder und sich öffnende Regenschirme ihn nicht aus der Ruhe bringen.

360. Antwort b) ist richtig. Der „falsche Knick" ist ein Fehler beim Dressurreiten: Der Kopf des Pferdes steht hinter der Senkrechten: Ohren, Nasenrücken und Maul bilden keine senkrechte Linie zum Boden hin, sondern das Maul ist dichter am Hals bzw. an der Brust. Damit ist der höchste Punkt auch nicht mehr das Genick, vielmehr liegt er etwa in der Mitte des Halses.

361. Antwort a) ist richtig. Pferde können Fußball spielen, allerdings benötigen sie dazu einen großen Ball von etwa einem Meter Durchmesser. Gespielt wird auf einem 20 x 40 m großen Spielfeld mit vier Feldspielern (Pferd + Reiter) und einem Torwart.

362. Antwort b) ist richtig. Manche Pferde haben eine derartige Angst vor dem Hänger, dass sie stocksteif davor stehen bleiben. Hält dieser Zustand länger an, kippt das Pferd wogmöglich um oder wird bewusstlos.

363. Antwort b) ist richtig. Cavaletti ist die Verkleinerungsform von Cavallo und bedeutet „Pferdchen". Gemeint sind aber keine kleinen Pferde, sondern 30 cm hohe Ricks (= Hindernisse), die zum Beispiel im Anfänger-Springunterricht eingesetzt werden.

364. Antwort c) ist richtig. In der Ausbildung des Dressurpferdes dient die Gerte zur Unterstützung des Unterschenkels. Sie ist länger als die Gerte, die im Springsport eingesetzt wird und wird mit der inneren Hand gehalten.

365. Antwort a) ist richtig. Hobbles sind eine Art Fußfessel. Um die Vorderbeine des Pferdes werden Ledermanschetten gelegt, die mit einer Kette verbunden sind. Das Pferd kann sich damit ein wenig bewegen und auch grasen. Für längere Zeit sollte man einem Pferd die Hobbles nicht anlegen, aber wenn man auf einem Wanderritt eine Pause macht, eignen sie sich gut.

366. Antwort b) ist richtig. Den fairen Pferdsportler nennt man Horseman. Er weiß über Pferde Bescheid und behandelt sie fair und (art)gerecht.

367. Antwort c) ist richtig. Der Wechsel durch die ganze Bahn erfolgt von K nach M, wenn man auf der rechten Hand, also rechtsherum reitet: Man biegt bei K vom Hufschlag ab, reitet diagonal durch die ganze Bahn auf den Punkt M zu und dort wieder auf den Hufschlag. Nun reitet man linksherum, also auf der linken Hand.

368. Antwort a) ist richtig. Bei der fünften Aufgabe der Gelassenheitsprüfung lässt man einen Ball aus einer Hecke auf das Pferd zurollen. Für viele Pferde ein Grund, zu scheuen und durchzugehen.

369. Antwort b) ist richtig. Ein Hufschuh verhindert, dass der Schnee unter dem Huf zusammenklumpt. Er wird jedoch auch bei bestimmten Huferkrankungen angewandt.

370. Antwort b) ist richtig. Der Kontergalopp wird auch Außengalopp genannt: Das Pferd geht auf der rechten Hand im Linksgalopp oder umgekehrt. Das ist keine leichte Übung, da die Pferde dazu neigen umzuspringen, also vom Linksgalopp wieder in den Rechtsgalopp zu springen oder vom Rechts- in den Linksgalopp.

371. Antwort c) ist richtig. Der Sattel hat vorne eine Kammer, damit der Widerrist Platz hat und es nicht zu Druckstellen kommt.

372. Antwort b) ist richtig. Beim leichten Sitz im Galopp sitzt der Reiter nicht, sondern er steht in den Bügeln, um so das Pferd zu entlasten.

373. Antwort c) ist richtig. Der Round Pen (= runder Zaun) ist ein runder eingezäunter Trainingsplatz, in dem sich Pferde nicht so leicht entziehen können und der zum Anreiten oder für die Korrektur von „Problempferden“ genutzt werden kann. Schon die Römer kannten derartige Trainingsplätze für die Arbeit mit jungen oder schwierigen Pferden.

374. Antwort b) ist richtig. Pferde gehen ungern rückwärts, was sicher damit zu tun hat, dass sie hinter sich nichts sehen. Daher ist das Rückwärtsrichten eines Pferdes keine einfache Dressurübung.

375. Antwort c) ist richtig. Mash ist ein Futterbrei, ein Zusatzfutter aus Leinsamenschrot, Weizenkleie und Hafer, das kranken Pferden, Mutterstuten und Pferden im Fellwechsel gegeben wird.

376. Antwort b) ist richtig. Das Martingal, ein Hilfszügel, soll verhindern, dass das Pferd den Kopf hochwirft und so versucht, sich der Hand des Reiters zu entziehen.

377. Antwort b) ist richtig. Beim Leichttraben hebt man sich bei jedem zweiten Trabtritt aus dem Sattel. Dabei beugt man sich leicht nach vorn. Das Leichttraben entlastet den Rücken des Pferdes.

378. Antwort b) ist richtig. Beim Anziehen des Gurtes bläht sich der Brustkorb des Pferdes auf. Nach 10 bis 15 Minuten hat er wieder den normalen Umfang und man kann nachgurten.

379. Antwort c) ist richtig. Beim Stockrennen wird eine Karotte oder ein Apfel an einen Stock gebunden und über Hals und Kopf des Pferdes gehalten. Gewonnen hat, wer am schnellsten mit nicht angeknabberter Karotte im Ziel ist. Nicht nur das Siegerpferd sollte danach zur Belohnung die Karotte bekommen.

380. Antwort a) ist richtig. Ein Paddock ist ein Auslauf für Pferde, aber keine Weide. Er sollte direkt an die Boxen grenzen, so dass die Pferde wählen können, ob sie sich in der Box oder im Freien aufhalten möchten.

381. Antwort b) ist richtig. Ein Panikhaken ist ein spezieller Anbindehaken, den man mit einem kurzen, kräftigen Ruck öffnen kann, um ein in Panik geratenes Pferd zu befreien und so größere Schäden oder Verletzungen zu vermeiden.

382. Antwort b) ist richtig. Beim Tölt, der Gangart des Island-Ponys, wie auch beim Schritt, hat das Pferd keine Schwebephase. Es ist immer mindestens ein Huf am Boden.

383. Antwort c) ist richtig. Ein Pferd braucht mindestens 6.000 m^2 Weidefläche. Je nachdem, wie viele Pferde auf der Weide stehen, muss man diese Zahl vervielfachen.

384. Antwort c) ist richtig. Der Grieche Xenophon (430–354 v. Chr.) gilt als Begründer der Lehre von Pferd und Reiter. Viele Erkenntnisse seiner Reitlehre gelten noch heute. So forderte Xenophon, das Pferd oft zu loben, statt ihm unter Zwang etwas beizubringen.

385. Antwort a) ist richtig. Eine Pferdelänge beträgt etwa 2,40 m. Der Begriff wird zum Beispiel im Rennsport angewandt. Dort heißt es: „Er siegte mit einer Pferdelänge Vorsprung."

386. Antwort c) ist richtig. Pferde können nicht Ski fahren. Man kann allerdings *mit* ihnen Ski fahren, indem man sich von ihnen ziehen lässt. Das heißt dann Skijöring und macht sehr viel Spaß.

387. Antwort a) ist richtig. Auch beim Leichttraben im Gelände muss man umsitzen, das heißt 200 m auf dem einen, dann 200 m auf dem anderen Fuß leichttraben, damit die Muskulatur des Pferdes gleichmäßig beansprucht wird.

388. Antwort a) ist richtig. Der Tiermediziner und spätere Stallmeister Gustav Steinbrecht war der Ansicht, dass Gehorsam nur durch Angst zu erreichen sei. Heute ist man da natürlich anderer Meinung.

389. Antwort b) ist richtig. Beim Freizeitpferd, mit dem man keine sportlichen Höchstleistungen vollbringen will, sollte man mehr auf den Charakter und das Temperament Wert legen.

390. Antwort b) ist richtig. Ein Rumpler ist ein Stolpern des Pferdes nach dem Sprung. Das Pferd fängt sich jedoch in der Regel wieder und stürzt nicht.

391. Antwort a) ist richtig. Um Druckstellen unter dem Gurt zu vermeiden, kann man die Vorderbeine nach dem Gurten nach vorne ziehen. Man stellt sich dazu neben das Pferd, lässt sich ein Bein geben (wie beim Hufauskratzen) und zieht es vorsichtig nach vorne. Am besten fasst man das Bein mit einer Hand an der Beuge an und mit der anderen am Röhrbein.

392. Antwort c) ist richtig. Der Reiter muss versuchen, mit einer Lanze oder einem Stock einen aufgehängten Ring herunterzuholen. Vorläufer dieses Spiels waren die Turniere der Ritter. Damals versuchte man allerdings, mit der Lanze den Gegner aus dem Sattel zu stoßen.

393. Antwort c) ist richtig. Als Robustpferde bezeichnet man Pferderassen, die besonders widerstandsfäig sind. In den Ländern, aus denen sie kommen, werden sie oft halbwild gehalten. Bekanntestes Beispiel eines Robustpferdes ist das Island-Pony.

394. Antwort c) ist richtig. Das Turnen am und auf dem Pferd bezeichnet man als Voltigieren. Es gibt Übungen für eine, zwei oder drei Personen. Voltigiert wird auf dem Zirkel, das heißt, das Pferd galoppiert im Kreis.

395. Antwort a) ist richtig. Bei diesem Spiel ist einer der „Schwarze Reiter“, hinter dem die anderen in einer Reihe hinterher reiten. Dreht er sich um, müssen alle stehen bleiben. Wer sich noch bewegt, scheidet aus.

396. Antwort c) ist richtig. Der tiefste Punkt des Sattels muss mit dem tiefsten Punkt des Pferderückens übereinstimmen.

397. Antwort c) ist richtig. Späne als Einstreu sind geeignet für Pferde mit Atembeschwerden, Papierstreu für Pferde mit Allergien. Wer ein verfressenes Pferd hat, sollte nicht unbedingt Stroh (Weizen-, Roggen- oder Haferstroh) als Einstreu benutzen.

398. Antwort b) ist richtig. Mit Schrittlänge bezeichnet man den Abstand zwischen zwei Abdrücken desselben Hufes.

399. Antwort c) ist richtig. Der Westernsattel ist zwar größer als andere Sättel, verteilt das Gewicht des Reiters aber am besten. Nicht ganz so gut, aber doch noch besser als die anderen tut dies auch der Trachtensattel, der insbesondere für kleinere Pferde, die erwachsene Reiter tragen müssen, geeignet ist.

400. Antwort b) ist richtig. Ein Leckstein enthält Salz, zudem auch Kalk, Phosphor und andere Mineralien.

401. Antwort c) ist richtig. Beim starken Schritt geht es nicht um Schnelligkeit, sondern darum, wie groß die Schrittlänge der Hinterbeine ist. Die Hinterhufe müssen deutlich über die Abdrücke der Vorderhufe hinausgehen.

402. Antwort b) ist richtig. Der Franzose François Robichon de la Guérinière erfand vor 250 Jahren die halbe Parade. Bis dahin war es üblich, das Pferd eher grob anzuhalten. Guérinière entwickelte eine Methode, das Pferd nicht mit dem Ziehen am Zügel zu stoppen, sondern mit dem ganzen Körper.

403. Antwort c) ist richtig. Die Grundausbildung in der Dressur ist für alle Pferde, die geritten werden, wichtig. Der Körper des Pferdes ist nicht von Natur aus zum Tragen eines Reiters vorgesehen. Daher ist es sehr wichtig, dass seine Muskeln, Sehnen und Gelenke gekräftigt werden, damit das Pferd gesundheitlich nicht geschädigt wird.

404. Antwort b) ist richtig. Schweifhaare brauchen Jahre, bis sie eine schöne Länge haben. Daher sollte man Schmutzteile mit den Händen entfernen und die Schweifhaare vorsichtig auseinander zupfen. Man nennt das auch „den Schweif verlesen".

405. Antwort b) ist richtig. Beim fliegenden Galoppwechsel von Sprung zu Sprung, ohne zwischendurch durchzuparieren, muss das Pferd sehr schnell auf die Hilfe des Reiters reagieren. Erfunden hat den fliegenden Galoppwechsel ein Kunstreiter in einem französischen Zirkus.

406. Antwort c) ist richtig. Mit Gewichtsträger bezeichnet man schwere Warmblutpferde, die schwergewichtige Reiter tragen können.

407. Antwort b) ist richtig. Eine Schabracke ist eine viereckige Satteldecke. Satteldecken liegen zwischen Sattel und Pferderücken, um den Druck des Sattels zu vermindern.

408. Antwort b) ist richtig. Von Natur aus galoppieren Pferde nicht rückwärts, doch man kann es ihnen andressieren. Das hat als einer der ersten der Engländer James Fillis (1834–1913) getan. Er trainierte auch noch andere, sehr zweifelhafte Lektionen wie zum Beispiel das Galoppieren auf drei Beinen.

409. Antwort c) ist richtig. Oft wird gesagt, man müsse das Kreuz ausspannen, um das Pferd antreiben zu können. Das Kreuz kann man aber nicht anspannen, höchstens die Rückenmuskulatur. Spannt man diese jedoch an, kippt das Becken nach vorne. In diesem so genannten Spaltsitz kann man keine treibende Hilfe geben, man bremst eher, das Pferd wird langsamer.

410. Antwort b) ist richtig. Auf der Straße reitet man hintereinander, und zwar im Schritt.

411. Antwort b) ist richtig. Die Erkenntnis, dass die Hinterhand der Motor des Pferdes ist, der für die Fortbewegung sorgt, hatte der Österreicher Alois Podhajsky (1898–1973). Podhajsky war von 1939–1965 Kommandant der Spanischen Hofreitschule in Wien und rettete 1945 zusammen mit dem amerikanischen General Patton die Lipizzaner vor der sowjetischen Armee.

412. Antwort c) ist richtig. Der Natur des Pferdes kommt der Offenstall mit angrenzendem Auslauf oder angrenzender Weide am nächsten.

413. Antwort b) ist richtig. Das Riegeln, das abwechselnde heftige Anziehen der Zügel, ist ein sehr grobes Verhalten.

414. Antwort b) ist richtig. Bei den Seitengängen geht das Pferd auf zwei Hufschlägen, dem äußeren (auf dem man normalerweise reitet) und dem inneren Hufschlag, der näher zur Bahnmitte liegt. Bei der Übung „Schulterherein" zum Beispiel geht das Pferd mit den Hinterbeinen auf dem äußeren Hufschlag und mit den Vorderbeinen auf dem inneren Hufschlag, so dass es sich biegt.

415. Antwort a) ist richtig. Geradeaus zu reiten, scheint ganz einfach zu sein. Doch selbst wenn man durch die Länge der Bahn wechselt, also den Buchstaben A oder C vor Augen hat und auf ihn zureiten kann, wird man oft, wenn man hinterher die Hufspuren betrachtet, feststellen, dass man keine gerade Linie geritten ist.

416. Antwort c) ist richtig. Mit dem Putzen sind mehrere Absichten verbunden. Zum einen soll das Pferd natürlich sauber werden. Gleichzeitig betreibt man aber auch das, was Pferde untereinander machen: die soziale Fellpflege. Und wenn man richtig putzt, massiert man das Pferd nebenbei und fördert so die Durchblutung.

417. Antwort c) ist richtig. Jeder Reiter und Pferdebesitzer sollte das Tierschutzgesetz kennen. Es dient dem Schutz des Lebens und Wohlbefindens des Tieres. Niemand darf einem Tier ohne vernünftigen Grund Schmerzen, Leiden oder Schäden zufügen.

418. Antwort a) ist richtig. Führt man ein Pferd, geht man links von ihm, hat die rechte Hand am Führstrick und das Ende des Führstricks in der linken Hand.

419. Antwort c) ist richtig. Man sollte beim Putzen keine Handschuhe tragen, denn sonst kann man nicht gleichzeitig feststellen, ob das Pferd irgendwo Knoten, Schwellungen oder sonst irgendetwas hat, das auf eine Krankheit oder Verletzung hinweist.

420. Antwort c) ist richtig. Generell gilt: Je früher ein Pferd reif ist, desto eher kann man es anreiten. Bei zu früh angerittenen Pferden besteht die Gefahr, dass ihre Sehnen und Gelenke schneller verschleißen.

421. Antwort b) ist richtig. Die Futtergrundlage im Winter ist Raufutter, also Heu, oder bei Pferden, die zum Dickwerden neigen, Weizen- oder Haferstroh. Saftfutter (frisches Gras) ist die Futtergrundlage im Sommer.

422. Antwort b) ist richtig. Das Hufeisen dient vor allem dazu, die schnelle Abnutzung des Hufhorns zu verhindern, da sich das Hufhorn schneller abnützt, als es nachwächst, zumindest wenn man auf hartem Untergrund reitet.

423. Antwort c) ist richtig. Bei einem Pferd mit Bauch empfiehlt sich ein Schweifriemen. Damit wird verhindert, dass der Sattel nach vorn rutscht und so die Beweglichkeit der Schulter einengt.

424. Antwort c) ist richtig. Nach dem Absatteln sollte man die Sattellage, also den Bereich, auf dem der Sattel liegt, auf Druckstellen oder Verletzungen untersuchen.

425. Antwort b) ist richtig. Gebisslose Zäumungen wirken auf die Nase ein, genauer gesagt auf das Nasenbein.

426. Antwort a) ist richtig. Grundsätzlich kann man alle Pferde im Offenstall halten. Pferde jedoch, die lange im Stall gelebt haben, kann man nicht so ohne weiteres verpflanzen, da sich ihr Körper auf die Bedingungen eingestellt hat. Bei „Stallpferden“ hat sich oft der Rhythmus des Fellwechsels verändert, auch das Winterfell ist nicht mehr so dicht.

427. Antwort a) ist richtig. Nachdem man heruntergefallen ist, sollte man sofort wieder aufsteigen, da sich sonst die Angst aufbauen kann, wieder runterzufallen. Auf keinen Fall sollte man das Pferd bestrafen, denn es hat mit Sicherheit keine Schuld.

428. Antwort b) ist richtig. Ein Gangpferd beherrscht neben Schritt, Trab und Galopp noch andere Gangarten wie zum Beispiel den Tölt oder den Pass.

429. Antwort b) ist richtig. Auf einer Straße reitet man auf der rechten Seite. Auch ansonsten gilt für den Reiter wie für andere Verkehrsteilnehmer die Straßenverkehrsordnung. Reitet man in der Dämmerung und Dunkelheit, muss man dafür sorgen, dass man gesehen wird, zum Beispiel durch Lampen und reflektierende Bandagen.

430. Antwort a) ist richtig. Auf Wegen, an denen ein rotumrandetes Schild mit Reiter steht, darf man nicht reiten.

431. Antwort c) ist richtig. Eine Dressurvorführung von zwei Reitern nennt sich Pas de Deux. Diese Vorführung wird in der Regel mit Musik geritten. Bei den Lektionen kommt es darauf an, dass die Reiter sie zeitgleich, also synchron, ausführen.

432. Antwort b) ist richtig. Eine Zügelhilfe allein zu geben, ist wirkungslos. Sie muss immer in Verbindung mit Schenkel-, Gewichts- oder Kreuzhilfen erfolgen.

433. Antwort c) ist richtig. Eine Untersuchung der Verhaltensforscherin Dr. Margit Zeitler-Feicht hat gezeigt, dass 51% aller Pferde aus Ständerhaltung, bei der die Pferde wenig Platz haben und die meiste Zeit angebunden werden, verhaltensgestört sind. Für diese Untersuchung, die bisher zum Verbot der Ständerhaltung in 5 Bundesländern führte, erhielt die Wissenschaftlerin den Horsemanship-Preis 2003, der jährlich von der Deutschen Vereinigung zum Schutz des Pferdes verliehen wird.

434. Antwort c) ist richtig. Die Hilfen kann man erst richtig geben, wenn man unabhängig von Bügeln und Zügeln sicher im Sattel sitzt. Wer aus dem Gleichgewicht gerät, wenn er ohne Bügel reitet, und wer sich noch an den Zügeln festhält, kann noch keine richtige Verständigung mit dem Pferd aufbauen.

435. Antwort c) ist richtig. Die Reise nach Jerusalem wird zu Pferd genauso gespielt wie zu Fuß, nur muss man, wenn die Musik aussetzt, erst noch vom Pferd, bevor man sich einen Stuhl ergattern kann. Der Schwierigkeitsgrad wird erhöht, wenn man nicht im Schritt, sondern im Trab oder Galopp um die Stühle reitet.

436. Antwort c) ist richtig. Auch auf der Weide müssen die Pferde mit Wasser versorgt werden. Haben die Pferde nicht genügend Wasser, kann man berechtigterweise angezeigt werden.

437. Antwort c) ist richtig. Der normale Galopp ist ein Dreitakt, der Renngalopp dagegen ein Viertakt, da die vorgreifenden Beine nicht mehr gleichzeitig aufkommen.

438. Antwort a) ist richtig. Bei der Hufschlagfigur „Aus der Ecke kehrt“ reitet man in der Ecke einen kleinen Kreis, den man aber nicht ganz schließt. Nach ungefähr Dreiviertel des Kreises reitet man schräg auf den Hufschlag zu. Ist man vorher rechtsherum geritten, reitet man nun linksherum.

439. Antwort a) ist richtig. Bei einer Gewichtshilfe verlagert der Reiter sein Gewicht. Das Pferd kommt aus dem Gleichgewicht, sein Schwerpunkt stimmt nicht mehr mit dem Schwerpunkt des Reiters überein. Durch die Bewegung in die vom Reiter gewünschte Richtung versucht das Pferd, sein Gleichgewicht wieder zu finden.

440. Antwort c) ist richtig. Mecklenburg-Vorpommern, Hessen, Schleswig-Holstein, Niedersachsen und Sachsen-Anhalt verbieten das dauerhafte Anbinden von Pferden. Das gilt für die Haltung im Ständer als auch für das Anpflocken auf der Weide. Nur auf Turnieren, zur Pflege oder beim Tierarzt dürfen Pferde noch kurzfristig angebunden werden.

441. Antwort b) ist richtig. Zirkuspferd Gazi ging zwischen den Beinen einer Giraffe hindurch. Er arbeitete im Circus Krone.

442. Antwort b) ist richtig. Der Pony-Express, der um 1862 gegründet wurde, schaffte pro Tag etwa 320 km. Allerdings wurde auf der rund 3.000 km langen Strecke auch 190 Mal das Pferd gewechselt. Die Strecke führte von Missouri nach Kalifornien und diente der schnellen Nachrichtenübermittlung.

443. Antwort a) ist richtig. Der Gardian ist der berittene Rinderhirte der Camargue in Südfrankreich. Bei seiner Arbeit reitet er Camargue-Pferde. Viele dieser Schimmel leben noch halbwild in freier Natur.

444. Antwort a) ist richtig. Ziehen Pferde schwere Baumstämme aus dem Wald, nennt man das Holzrücken. Zu diesem Zweck legt man ihnen das so genannte Rückegeschirr an. In der Regel werden zur Waldarbeit Kaltblüter eingesetzt, da sie sehr kräftig sind.

445. Antwort a) ist richtig. Wird in den USA ein Pferd für eine Filmrolle benötigt, wird sehr gern ein American Saddlebred genommen, da diese Pferde intelligent, groß und attraktiv sind. Black Beauty, Mr Ed, Flicka und Fury waren American Saddlebreds.

446. Antwort c) ist richtig. Ein weißer ungesattelter Hengst begleitete den Sarg der schwedischen Kinderbuchautorin Astrid Lindgren. Die Angehörigen wollten daran erinnern, dass Pferde oft eine wichtige Rolle in den Büchern von Astrid Lindgren gespielt haben. Pferde als Begleiter von Trauerzügen gibt es schon seit vielen Jahrhunderten.

447. Antwort b) ist richtig. Im 16. Jahrhundert fuhr das erste öffentliche Verkehrsmittel in London. Man nannte es „Stagecoach". Es wurde von 4 Pferden gezogen und fuhr, wie ein Bus, nach Fahrplan eine festgelegte Strecke.

448. Antwort b) ist richtig. Mr Ed, das sprechende Pferd aus einer amerikanischen Fernsehserie der 1960er Jahre, wurde von einem goldfarbenen Palomino dargestellt.

449. Antwort c) ist richtig. Die Prozession geht auf ein Gelübde zurück, das die Bauern in Giershagen, einem westfälischen Dorf, vor 300 Jahren ablegten. Damals waren ihre Arbeitspferde von einer schweren Seuche, der Pferdepest, bedroht.

450. Antwort c) ist richtig. Die berittene Polizei Kanadas (Royal Canadian Mounted) schenkte Queen Elizabeth II. eine schwarze Stute. Burmese, so ihr Name, war in den 1970er Jahren bei Paraden das Lieblingspferd der Queen.

451. Antwort b) ist richtig. Es gilt als schwerer Regelverstoß, wenn ein Pferd bei der Jagd einen Hund überrennt oder nach ihm tritt, und kann zum Ausschluss von der Jagd führen.

452. Antwort b) ist richtig. Dem Amerikaner James Robinson gelang es 1856 im Zirkus Spalding and Roger in Pittsburgh, 23 aufeinander folgende Saltos auf dem Rücken eines Pferdes zu schlagen.

453. Antwort b) ist richtig. In Deutschland essen sehr wenig Menschen Pferdefleisch, in anderen europäischen Ländern ist es dagegen begehrt.

454. Antwort a) ist richtig. Pferde, die man im Bergbau einsetzte (= Grubenpferde), wurden in Ställen untertage untergestellt. Oft kamen sie erst nach 4–6 Jahren wieder ans Tageslicht, wenn sie die geförderte Kohle nicht mehr ziehen konnten.

455. Antwort a) ist richtig. Juist ist die „Insel der Zugpferde". Da Autos auf der Insel verboten sind, sorgen Gespanne und Fuhrwerke für den Personen- und Warentransport.

456. Antwort b) ist richtig. Schulpferde sollten regelmäßig von einem Ausbilder Korrektur geritten werden, da sich durch die wechselnden Reitschüler mit der Zeit Fehler einschleifen und die Pferde abstumpfen.

457. Antwort c) ist richtig. Benjamin, ein Pferd der Polizeistaffel Mönchengladbach, ging nach 25 Dienstjahren im Alter von 28 in den Ruhestand. Es war damit das bisher dienstälteste Pferd.

458. Antwort a) ist richtig. Die Wagenpferde um 1850 waren nicht größer als 150 cm. Und doch schafften sie es, Postkutschen mit einem Nutzgewicht bis zu 4.500 kg zu ziehen.

459. Antwort c) ist richtig. Die 78 Pferde aus Jugoslawien und Sizilien trainierten 6 Monate für das spektakuläre Wagenrennen in dem Film „Ben Hur". Außer dem Trainer kümmerten sich ein Tierarzt, ein Hufschmied, ein Sattler und 20 Stallburschen um die Pferde.

460. Antwort c) ist richtig. Das mongolische Heer besaß zur Zeit Dschingis Khans 4–5 Millionen Pferde. Jeder der 200.000 Soldaten hatte 18–20 Pferde, die ihm nicht nur als Reittiere, sondern zum Teil auch als Nahrung dienten.

461. Antwort c) ist richtig. Vaquero kommt aus dem Spanischen und heißt Rinderhirte. Die ersten Vaqueros in Amerika waren mexikanische und kalifornische Indianer, die von spanischen Siedlern ausgebildet worden waren. Die Buckaroos sind die Cowboys der Südweststaaten.

462. Antwort a) ist richtig. In Arizona ist es Cowboys gesetzlich verboten, mit Sporen durch die Hotelhalle zu gehen.

463. Antwort b) ist richtig. Wenngleich Cäsar viel über die Verwendung des Pferdes nachdachte, so wurden Reiter zur Zeit der Römer doch nur als Boten und zur Unterstützung der Fußsoldaten eingesetzt.

464. Antwort b) ist richtig. Treidelpferde zogen Schiffe flussaufwärts. Der Weg, den sie dabei gingen, wird Treidel- oder Leinweg genannt. Da heute die meisten Schiffe einen Motor haben, ist man nicht mehr auf Treidelpferde angewiesen.

465. Antwort c) ist richtig. Packponys werden in unwegsamen oder bergigen Regionen, in denen ein Auto oder Lastwagen nicht fahren kann, eingesetzt. Was man transportieren will, kommt entweder in Packsättel auf den Rücken des Pferdes oder in Tragekörbe an die Seiten.

466. Antwort c) ist richtig. In der Grabstätte von Qin Shi Huang, des ersten Kaisers von China (259–210 v. Chr.), fand man 500 Pferdefiguren aus Terrakotta, über 170 cm große Darstellungen von Kavalleriepferden.

467. Antwort b) ist richtig. Die berittene Armee wird Kavallerie genannt.

468. Antwort c) ist richtig. In Japan gilt ein Pferdekopf über der Eingangstür als Glücksbringer. In Deutschland wird das Hufeisen als Glücksbringer angesehen.

469. Antwort c) ist richtig. Vor etwa 30 Jahren begann eine bekannte norddeutsche Brauerei mit einem Sechser-Gespann Schleswiger, im Fernsehen und auf Veranstaltungen Werbung für ihr Bier zu machen. Dabei „warben“ die Pferde auch für ihre eigene Rasse mit dem Erfolg, dass sich die vom Aussterben bedrohte Kaltblüterrasse wieder erholen konnten.

470. Antwort b) ist richtig. Vor allem Robustrassen werden eingesetzt, um offene Landschaften durch Beweidung zu erhalten, so zum Beispiel die Dülmener Wildpferde im Merfelder Bruch in Nordrhein-Westfalen.

471. Antwort a) ist richtig. Ein Polizeipferd muss lernen, im größten Tumult, bei plötzlichem Krach, bei unerwarteten Bewegungen nicht seinem Fluchtinstinkt nachzugeben, sondern ruhig zu bleiben.

472. Antwort a) ist richtig. Die ersten Lastpferde arbeiteten mit einer so genannten Stangenschleife. Diese Vorrichtung hatte noch keine Räder. Die langen Stangen, die an den Seiten des Pferdes befestigt wurden und an deren Ende die Last lag, schleiften über den Boden.

473. Antwort b) ist richtig. Fredy Knie senior ist berühmt geworden durch seine Freiheitsdressur. Die Pferde bewegen sich frei und ohne Reiter in der Manege.

474. Antwort c) ist richtig. Cowboys und ihre Pferde fürchteten nichts so sehr wie eine Stampede, eine panische Flucht der Rinder. Ein Donnergrollen oder auch nur das Wiehern eines Pferdes reichte, um eine Stampede auszulösen. Die Herde dann wieder zusammen und zur Ruhe zu bringen, konnte für Cowboys und Pferde lebensgefährlich sein und Tage dauern.

475. Antwort b) ist richtig. Der Kentaur ist ein Fabelwesen mit menschlichem Oberkörper und Pferdeleib. Vielleicht ist der Glaube an eine solche Kreatur entstanden, als Menschen erstmals Reiter sahen und glaubten, es handele sich um *ein* Lebewesen, nicht um zwei.

476. Antwort c) ist richtig. Trigger war stubenrein. Doch nicht nur das machte ihn bekannt. Trigger spielte in 87 Westernfilmen mit.

477. Antwort b) ist richtig. 1875 mussten täglich 1.000 Tonnen Pferdeäpfel der Kutschpferde von den Straßen entfernt werden. Doch mit diesem Problem hatte sicherlich nicht nur London zu kämpfen.

478. Antwort c) ist richtig. Das letzte Grubenpferd starb 1969. Es war ein brauner Wallach namens Tobias, der außergewöhnlich lange untertage gearbeitet hatte. 17 Jahre leistete er für die Zeche Recklinghausen Schlepperdienste.

479. Antwort c) ist richtig. Die Pferdedressur im Zirkus ist Tierquälerei, wenn es sich um eine „harte Dressur" handelt, die Leistung der Pferde also mit Schmerz und Furcht erzielt wird. Die meisten heutigen Dresseure wenden jedoch die „weiche Dressur" an, deren Grundlagen das Verstehen des Pferdes und das Vertrauen ist.

480. Antwort b) ist richtig. Kublai Khan, Enkel von Dschingis Khan, soll eine Herde von 10.000 schneeweißen Hengsten und Stuten besessen haben, die als heilige Tiere verehrt wurden.

481. Antwort a) ist richtig. Polizeipferde können gute Sportler sein. Beste Beispiele sind die beiden „Kollegen" von Klaus Balkenhol, Rabauke und Goldstern. Mit Rabauke begann der Dressurreiter seine internationale Karriere, mit Goldstern gewann er mehrere Medaillen und sogar einen Weltmeisterschaftstitel.

482. Antwort c) ist richtig. Die große Zeit der Cowboys begann 1866 mit den ersten großen Viehtrecks. Mehr als 250.000 Longhorn-Rinder wurden vom texanischen Süden nach Norden getrieben, weil sie dort weitaus teurer verkauft werden konnten. Für die Cowboys und ihre Pferde waren diese Trecks mit großen Anstrengungen verbunden. Oft waren sie 20 Stunden am Tag auf den Beinen.

483. Antwort a) ist richtig. Mit der Erfindung des Schießpulvers war die Kavallerie den Fußsoldaten nicht mehr überlegen. Diese konnten jetzt aus größerer Entfernung angreifen. Zudem boten die großen Pferde ein relativ leicht zu treffendes Ziel.

484. Antwort b) ist richtig. Der erste Pferdeomnibus fuhr in Berlin 1846. Er konnte bis zu 25 Fahrgäste befördern und fuhr 5–6 km/h. 20 Jahre später kam die Pferdestraßenbahn dazu, die doppelt so schnell fuhr und Platz für 50 Fahrgäste bot.

485. Antwort a) ist richtig. Grundsätzlich sind alle Pferde und Ponys zum Jagdreiten zugelassen. Sie müssen allerdings eine gute Kondition haben, auf jeder Art von Untergrund laufen können und kontrollierbar sein, um andere Teilnehmer nicht zu gefährden.

486. Antwort b) ist richtig. Früher benutzte man oft ein Tandem, um zur Jagd zu fahren. Das vorne eingespannte Pferd war ein Reitpferd, mit dem man die Jagd dann ritt. Das hintere Pferd war ein kräftiges Zugpferd.

487. Antwort c) ist richtig. Die Pferde der Ritter trugen einen Pferdeharnisch. Teilweise verschwand der gesamte Kopf in dieser Rüstung. Manchmal schützte sie auch ein Kettenpanzer oder eine geschlossene Panzerung an Hals und Brust.

488. Antwort c) ist richtig. Für die Rolle des Rennpferdes im Film „Seabiscuit“ benötigte man 10 Pferde, alle braun, klein und eher hässlich, wie auch das legendäre Rennpferd aussah. 5 der Pferde wurden in den Renn-Szenen eingesetzt, 3 waren Stunt-Pferde und 2 waren Ersatzpferde.

489. Antwort a) ist richtig. Beim Spanischen Gruß hebt das Pferd ein Vorderbein und streckt es weit vor. Dabei bewegt es sich nicht von der Stelle. Streckt das Pferd beide Vorderbeine vor und senkt den Kopf zwischen die Beine, bis die Stirn beinahe den Boden berührt, macht es eine Verbeugung. Beides sind Lektionen, die man im Zirkus sehen kann.

490. Antwort a) ist richtig. Sehr viele Grubenpferde hatten verschiedene Augenleiden. Nicht wenige Pferde verloren sogar ein oder beide Augen durch Verletzungen.

491. Antwort b) ist richtig. 20 Treidelpferde schafften es, ein mit 50 t beladenes Transportschiff flussaufwärts zu ziehen. Ein einzelnes Pferd kann eine Last von 15 t ziehen.

492. Antwort c) ist richtig. Die Shetland-Ponys wurden für den Abtransport von Torf eingesetzt. Die Ponys in England schleppten dagegen Blei aus den Bergwerken.

493. Antwort b) ist richtig. Das Fernsehpferd Mr Ed konnte Nachrichten mit einem Bleistift schreiben. Zudem ging es ans Telefon, öffnete Türen und zog den Stecker einer Lampe aus der Steckdose.

494. Antwort b) ist richtig. Der Stierkämpfer zu Pferd heißt Rejoneador. Der berittene Stierkampf findet vor allem in Portugal statt. Ziel des Kampfes ist es, den Stier völlig zu ermüden. Pferd und Reiter müssen sehr geschickt und gut aufeinander eingespielt sein.

495. Antwort b) ist richtig. Das Wiener Pferdetaxi wird Fiaker genannt und auch der Kutscher heißt so. Allerdings lautet die korrekte Bezeichnung: 2-spännige nummerierte Lohnkutsche. Seit 1984 gibt es auch Fiakerinnen.

496. Antwort a) ist richtig. Auch die Pferdeeisenbahn fuhr auf Schienen. Das Pferd (manchmal waren es auch zwei) lief zwischen den Schienensträngen.

497. Antwort b) ist richtig. Ein einzelnes Rückepferd kann einen Baumstamm von 350–450 kg ziehen. In der Fachsprache spricht man hier von Schwachholz! Gespanne schaffen in der Regel 700–900 kg.

498. Antwort c) ist richtig. Nur etwa jedes 1.000 Pferd eignet sich als Stuntpferd. Die Rasse spielt dabei keine Rolle. Voraussetzungen sind ein guter Körperbau und Rittigkeit. Und ganz besonders wichtig ist der Charakter: Das Pferd muss Nervenstärke, Mut und Temperament haben und es muss gelehrig sein.

499. Antwort b) ist richtig. Eine große Gefahr bestand für die Zugpferde von Schiffen (=Treidelpferde) darin, dass das Schiff in die Strommitte getrieben wurde. Dann reichte auch ihre Kraft nicht mehr aus und sie drohten, in den Fluss gezogen zu werden. Für diesen Fall hatten die Treidelknechte stets ein Beil oder ein Messer bei sich, so dass sie die Seile kappen und die Pferde retten konnten.

500. Antwort a) ist richtig. Old Billy, der mit 62 Jahren den bisherigen Altersrekord hält, arbeitete bis 3 Jahre vor seinem Tod als Treidelpferd.

501. Antwort b) ist richtig. Etwa 1,4 Millionen Pferde hatten die Deutschen im 1. Weltkrieg im Einsatz. Im 2. Weltkrieg waren es sogar noch mehr: 2,75 Millionen. Im Durchschnitt kamen pro Tag 865 von ihnen ums Leben.

502. Antwort b) ist richtig. Der erste Zirkus, wie wir ihn heute kennen, wurde 1780 in London von Philippe Asthley gegründet. Die Hauptattraktion waren Pferde. Akrobaten zeigten waghalsige Kunststücke auf den Rücken galoppierender Pferde.

503. Antwort c) ist richtig. Die Reitjagd auf Wild ist in Deutschland verboten. Stattdessen wird eine künstliche Spur, die so genannte Schleppe, von einem Reiter ausgelegt. Da sie wie echtes Wild riecht, verfolgen die Hunde sie.

504. Antwort b) ist richtig. Der Preis für ein Schild war im Allgemeinen ein Pferd. So viel kostete auch das Durchstechen der Ohrläppchen oder eine Frau.

505. Antwort a) ist richtig. Buffalo Bill ging am Ende seines Lebens zum Zirkus. Für die Manege gestaltete er Shows, die die Bisonjagd und die Kämpfe zwischen den Indianern und der amerikanischen Kavallerie nachstellten.

506. Antwort c) ist richtig. Hippotherapie ist ein Teilbereich der Krankengymnastik. Die Verbindung von gleichmäßiger Bewegung und Wärme bei der Gymnastik auf dem Pferd ist ideal, will man zum Beispiel Verspannungen lösen oder verhindern.

507. Antwort a) ist richtig. Der Geschwindigkeitsrekord von Postkutschen lag bei 23 km/h. Aufgestellt wurde er 1888.

508. Antwort c) ist richtig. Kommt ein Rückepferd an einen Graben, muss es über ihn hinwegspringen. Schon daraus erklärt sich, dass Rückepferde eine Ausbildung brauchen. Sie müssen auch lernen, ihre instinktive Angst zu überwinden, wenn der Boden morastig ist, oder wie man sich zwischen dicht stehenden Bäumen bewegt.

509. Antwort c) ist richtig. Die Aufnahmen der legendären Wagenrennszene im Hollywood-Film „Ben Hur“ dauerten 3 Monate.

510. Antwort b) ist richtig. Die Ausbildung zum Polizeipferd dauert 12 Monate. Ziel ist es, die 3–4-jährigen Pferde bis zur Leistungsklasse A auszubilden. Sie werden nicht nur in der Dressur, sondern auch im Springen und im Gelände geschult. Neben dem Reiten im Straßenverkehr muss das Pferd vor allem lernen, mit den optischen und akustischen Reizen umzugehen, wie zum Beispiel Schüssen, Feuer, flatternden Fahnen oder grölenden Menschenmassen.

511. Antwort b) ist richtig. Der schwierigste Stunt für ein Pferd ist der Sturz, vor allem aus der schnellen Bewegung heraus, aus dem Trab oder Galopp.

512. Antwort b) ist richtig. Bei der Schleppjagd verfolgt die Hundemeute die künstliche Spur. Fuchsjagd und Schnitzeljagd finden ohne Meute statt.

513. Antwort c) ist richtig. Bei der Fuchsjagd wird kein echter Fuchs gejagt (das Tierschutzgesetzt verbietet die Reiterjagd auf Wildtiere), sondern ein Reiter, an dessen linker Schulter ein Fuchsschwanz befestigt ist. Die Jagdteilnehmer müssen versuchen, den Reiter einzuholen und den Fuchsschwanz abzureißen.

514. Antwort b) ist richtig. Die Erfindung des Kummets, ein gepolsterter Bügel, der um den Hals des Pferdes gelegt wird, ermöglichte das Ziehen schwerer Lasten.

515. Antwort b) ist richtig. In der Bundeswehr gibt es noch eine Pferdeeinheit, und zwar bei den Gebirgsjägern. Im schwierigen Gelände, wo selbst Kettenfahrzeuge nicht weiterkämen, werden Pferde und auch Maultiere eingesetzt.

516. Antwort b) ist richtig. Die Übung „Kompliment“ ist bei Pferden deshalb so „unbeliebt“, weil sie dazu eine Haltung einnehmen müssen, die ein schwächeres Pferd bei Rangordnungskämpfen zeigt: Ein Bein wird nach vorn gestreckt, während das Pferd auf dem anderen „kniet“. Der Kopf wird so weit nach vorn gestreckt, bis die Nase fast den Boden berührt.

517. Antwort c) ist richtig. Mit Pferdestärke (PS) bezeichnet man die Kraft, die ein Gewicht von 75 kg in 1 Sekunde 1 m hochheben kann.

518. Antwort c) ist richtig. Die Wiener Fiaker-Pferde müssen „Windeln" tragen, eine Vorrichtung zum Auffangen der Pferdeäpfel. Dies hat die Stadtverwaltung beschlossen, da die meisten Kutscher nicht bereit waren, die Pferdeäpfel aufzusammeln.

519. Antwort b) ist richtig. Die mongolischen Steppenvölker fangen die Junghengste (ihre Fleischversorgung) entweder mit langen Stangen, an denen Lederschlaufen befestigt sind, aus der Herde heraus, oder sie treiben sie in Fangzäune: immer enger werdende Gänge, an deren Ende sich ein Gatter befindet.

520. Antwort c) ist richtig. Pferde wurden trotz Eisenbahn noch gebraucht, denn die Waren mussten vom Bahnhof ja noch weitertransportiert werden. Um 1900 bewegte keine andere Kraft so viele Güter wie das Pferd. Daher wurden sie oft „Hafermotoren" genannt.

521. Antwort a) ist richtig. Der Master, der die Reitjagd leitet und für sie verantwortlich ist, darf nicht überholt werden. Zu erkennen ist er an einer weißen Armbinde. Er reitet direkt hinter der Meute und den Pikören.

522. Antwort b) ist richtig. Die Fiaker dürfen von 7–23 Uhr fahren. Das schreibt das Fiakergesetz vor. Darin wird auch festgelegt, wie oft das Pferd gefüttert werden soll, wie viele Ruhepausen es braucht, wie oft es vom Tierarzt untersucht werden muss und vieles mehr.

523. Antwort c) ist richtig. Wenn der Hengst steigend dem Dresseur durch die Manege folgt, ist das nicht nur eine schwierigerer Lektion als der nur steigende Hengst, es ist auch noch beeindruckender. Fredy Knie junior führt diese Lektion mit seinen Hengsten vor.

524. Antwort b) ist richtig. Es gibt einige sehr schwere Behinderungen, die es selbst mit Hilfsmitteln unmöglich machen, zu reiten, aber viele Behinderte können reiten. Viele reiten genauso gut wie Nichtbehinderte und bestreiten zum Teil Turniere. Es geht aber nicht allein um das Reiten, sondern auch um den Umgang mit dem Pferd und um die gemeinsamen Erlebnisse, auch mit Nichtbehinderten.

525. Antwort c) ist richtig. Nachdem sie Troja jahrelang vergeblich belagert hatten, zogen die Griechen plötzlich ab. Doch vor dem Stadttor ließen sie ein riesiges hölzernes Pferd zurück, in dessen Bauch sich einige griechische Krieger versteckten. Die Trojaner holten das „Beutestück“ nichts ahnend in die Stadt. In der Nacht aber stiegen die Griechen aus dem Bauch des Pferdes und öffneten die Stadttore für ihre Truppen, die Troja nun ohne großen Widerstand eroberten.

526. Antwort b) ist richtig. Die Criollos sind die Pferde der südamerikanischen Rinderhirten, der Gauchos. Die Züchter testen und fördern die Ausdauer der Criollos in Wettbewerben: In maximal 14 Tagen müssen die Pferde 750 km und mehr zurücklegen, und das mit 110 kg Gewicht auf dem Rücken.

527. Antwort b) ist richtig. Stellt das Pferd seine Vorder- und Hinterbeine unter dem Bauch so dicht zusammen, dass sie sich fast berühren, nennt man diese Lektion „Bergziege“.

528. Antwort b) ist richtig. Das Auswechseln der Kutschpferde dauerte 5 Minuten. Man nannte das Umspannzeit.

529. Antwort c) ist richtig. Für die Pueblo-Indianer waren Pferde vor allem Tauschware. Sie schlachteten sie und tauschten sie bei benachbarten Stämmen gegen andere Waren ein.

530. Antwort a) ist richtig. 1877 erschien in London Anna Sewells Roman „Black Beauty". Das Buch wurde zwar zum Verkaufserfolg, an der Situation der Londoner Arbeitspferde änderte es aber nichts. In der Verfilmung spielte die Rolle des Black Beauty der schwarze American-Saddle-Horse-Hengst Beauty, der später auch Fury mimte.

531. Antwort b) ist richtig. Das Trickreiten ist insbesondere bei Kampfszenen erforderlich. Der Reiter versteckt sich, indem er sich seitlich an sein Pferd hängt, er kriecht unter seinem galoppierenden Pferd hindurch oder springt von einer auf die andere Seite.

532. Antworten a) und b) sind richtig. Eine griechische Sage erzählt: Poseidon, Gott des Meeres, war der Vater eines Pferdes mit Flügeln, das man Pegasus nannte. Nachdem Pegasus an der Vernichtung eines Ungeheuers beteiligt war, erhob ihn Zeus, der Herr aller Götter, zum Sternbild.

533. Antwort a) ist richtig. Ein Pferd muss größtes Vertrauen zum Menschen haben, um sich hinzulegen, sei es in der Zirkusarena oder anderswo, da es aus dieser Position heraus nicht fliehen kann. Doch schon das „Knien" auf beiden Vorderbeinen erfordert viel Vertrauen, denn auch aus dieser Haltung kann das Pferd nicht schnell aufspringen.

534. Antwort c) ist richtig. Als die Indianer noch keine Pferde kannten, nutzten sie einzig die Hunde zum Schleppen von Lasten. Der Hund hieß bei ihnen Wakan, das Pferd nannten sie Sun'-ka Wakan (= heiliger Hund).

535. Antwort b) ist richtig. Der Zirkus Krone ist der einzige Zirkus in Europa, der ein eigenes Seniorenheim für Pferde besitzt. Tierschutzverbände haben ihn dafür schon mehrfach ausgezeichnet.

536. Antwort b) ist richtig. Der assyrische König Assurnasir-pal II., der von 884–859 vor unserer Zeitrechnung lebte, soll in der Schlacht gegen den König von Nairi erstmals berittene Krieger eingesetzt haben.

537. Antwort a) ist richtig. 1875 berechnete man für die Arbeit mit einem Pferd 2 Taler pro Tag, für die Arbeit mit zwei Pferden 3 Taler.

538. Antwort c) ist richtig. Der Staubschutzwagen der Berliner Stadtreinigung war die Müllabfuhr. Die drei Pferde, die den Wagen zogen, waren nebeneinander gespannt.

539. Antwort c) ist richtig. Die Sänfte kann von je zwei Menschen wie auch von Mauleseln oder Pferden getragen werden. Eine sehr bequeme Art zu reisen, aber man braucht viel Zeit.

540. Antwort c) ist richtig. Wenn so oft vom Vertrauen, das das Pferd in den Menschen haben muss, die Rede ist, muss auch mal vom umgekehrten Fall gesprochen werden: Wenn Lucky Luke wieder einmal fliehen muss, kann er absolut sicher sein, dass sein Apfelschimmel Jolly Jumper genau unter dem Fenster steht, aus dem er springen muss.

541. Antwort b) ist richtig. Als 14-Jähriger war Buffalo Bill als Kurierreiter tätig, brachte so schnell wie möglich Nachrichten von einem Ort zum anderen. Später war er auch Büffeljäger, selbstverständlich zu Pferde, und dies so erfolgreich, dass man ihn Buffalo Bill nannte, denn eigentlich hieß er William F. Cody.

542. Antwort c) ist richtig. Auf der Strecke Basel—Mailand, der Gotthardpost, wurden die Pferde alle 2–4 Stunden ausgewechselt, je nach den Steigungen, die sie auf dieser bergigen Strecke nehmen mussten. Der Postkutscher wurde nur alle 15–20 Stunden abgelöst.

543. Antwort b) ist richtig. Da die Bodenpreise Ende des 19. Jahrhunderts in Berlin sehr hoch waren, brachte man die Pferde in mehrstöckigen Gebäuden unter. Teilweise mussten die Pferde steile Rampen erklettern, um zu ihren Unterkünften zu gelangen.

544. Antwort c) ist richtig. Ein Drugstore Cowboy ist gekleidet wie ein Cowboy, hat aber noch nie als Cowboy gearbeitet und saß auch noch nie auf einem Pferd.

545. Antwort c) ist richtig. Ungarische Handwerker aus dem Dorf Kocs entwickelten Ende des 15. Jahrhunderts die erste Straßenkutsche. Sie wurde Koksi genannt.

546. Antwort c) ist richtig. Pferdeblut kann man zur Herstellung von Schlangenserum verwenden, das heißt, man kann mit Hilfe des Pferdebluts ein Mittel herstellen, das Menschen gespritzt wird, die von giftigen Schlangen gebissen worden sind.

547. Antwort b) ist richtig. Es ist gefährlicher bzw. schwieriger, ein Pferd zu melken. Wenn man bei ihm nicht einfühlsam genug ist, kann es schon mal schlagen oder beißen. Und es gibt dann, das ist wie bei der Kuh, keine Milch.

548. Antwort c) ist richtig. Da im Mittelalter ein Pferd sehr teuer war, hatte man oft nur eines oder man teilte sich eines. Und so war es üblich, dass man zu zweit auf einem Pferd ritt.

549. Antwort b) ist richtig. Von den 25 Pferden, die an den Karl-May-Festspielen in Bad Segeberg teilnehmen, ist nur ein einziges im amerikanischen Reitstil geschult, alle anderen haben eine klassische Ausbildung. Der Grund ist, dass die meisten Schauspieler nur diese Reitweise beherrschen.

550. Antwort b) ist richtig. Die Straßen waren so schmal, dass nur ein Gefährt Platz hatte. Daher machten die Gespanne mit den Schellenbändern auf sich aufmerksam, damit die Menschen sich in Sicherheit bringen konnten. Die Gespanne machten sich durch Peitschenknall oder Hornruf aufeinander aufmerksam. Eines musste dann in eine Ausweichbucht. Die Post hatte immer Vorfahrt.

551. Antwort b) ist richtig. Seabiscuit explodierte geradezu, wenn er aus den Augenwinkeln seine Konkurrenten sah. Daher nahm sein Jockey ihn kurz vor dem Ziel zurück, während die anderen ihre Pferde antrieben.

552. Antwort c) ist richtig. In der Antike betrieben das Schauturnen am und auf dem galoppierenden Pferd nur mutige Männer. Den Begriff „Voltigieren“ fand man erst im 17. Jahrhundert. Er leitet sich vom französischen Wort „La Voltige“ (über das Pferd springen) ab.

553. Antwort b) ist richtig. Die Reitbahn für die höhere Dressur, für die internationalen Prüfungen ist 20 x 60 m. Das Standartmaß ist 20 x 40 m. An den Außenlinien bzw. den Wänden befinden sich Buchstaben, die Bahn-, Wechsel- und Zirkelpunkte, die in jeder Reitbahn identisch sind.

554. Antwort c) ist richtig. Das Voltigierpferd darf auf keinen Fall kitzelig sein. Es sollte nicht zu groß sein (maximal 160 cm), einen unempfindlichen Rücken und kräftige Beine sowie einen ausgeglichenen Charakter haben. Und es muss ohne Pause 15 Minuten galoppieren können.

555. Antwort c) ist richtig. John Henry, eines der erfolgreichsten Rennpferde aller Zeiten, der mehr als 4 Millionen Dollar Preisgeld erlief, war ein Wallach. Als Jährling war er für nur 1.100 Dollar verkauft worden.

556. Antwort c) ist richtig. Bei einem Winkel von 140 Grad tritt das Pferd optimal unter. Neben der Winkelung des Sprunggelenks ist für die Gänge eines Dressurpferdes auch die Fesselung von Bedeutung. Die Fesseln sollten weder zu steil noch zu lang und weich sein.

557. Antwort c) ist richtig. Ein Traber darf während eines Rennes nur einmal in den Galopp fallen, nicht mehr als 30 m galoppieren, seinen Platz dabei nicht verbessern oder die Ziellinie überqueren, sonst wird er disqualifiziert. Auch bei Passgang oder Dreischlag scheidet das Pferd aus.

558. Antwort c) ist richtig. Die Ausbildung des Lipizzaners, der spät reift, beginnt mit 4 Jahren und endet mit 12 Jahren. Durch die langsame und lange Ausbildung wird ein frühzeitiger Verschleiß vermieden und die Lebenserwartung des Pferdes erhöht.

559. Antwort a) ist richtig. Bei einer Springpferdeprüfung soll in erster Linie nicht das Sprungvermögen des Pferdes getestet werden, sondern an welchem Punkt es sich in seiner Ausbildung befindet. Es ist wichtig zu wissen, ob die Ausbildung richtig verläuft und welche Fertigkeiten das Pferd entwickelt.

560. Antwort a) ist richtig. Wie Rennpferde so bestreiten auch Traber ihre ersten Rennen als 2-Jährige. Und ebenso wie im Rennsport werden auch hier die Rennen als Leistungsrennen für die Zucht veranstaltet.

561. Antwort a) ist richtig. Eine Übung beim Trail ist das Rückwärtsrichten des Pferdes durch ein Stangen-U oder durch ein Stangen-L. Im Trail-Parcours gibt es mindestens noch 5 weitere, dem freien Gelände nachgestellte Hindernisse, wie zum Beispiel eine Brücke.

562. Antwort c) ist richtig. Aufgestellt wurde der Rekord Anfang der 1930iger Jahre von Mrs Stace, die bei ihrem sprung über 1,98 m 52 Jahre alt war. Seitsattel ist ein anderer Name für Damensattel.

563. Antwort a) ist richtig. Das erste gerittene Rennen fand 648 v. Chr. auf dem Hippodrom (Pferderennbahn) von Olympia statt. Die Jockeys ritten damals noch ohne Sattel.

564. Antwort a) ist richtig. Die Passade ist eine Vorbereitung auf die Pirouette. Es ist eine Kehrtwendung, die im Galopp vorgenommen wird und auf sehr engem Raum stattfinden soll.

565. Antwort b) ist richtig. Pferde aller Rassen ab 5 Jahren dürfen an Distanzritten teilnehmen, sofern sie den Zahnwechsel vollzogen haben. Allerdings werden sie in diesem Alter nur zu den Einführungsritten (bis 39 km) zugelassen. Am langen Distanzritt (80 bis 160 km) dürfen Pferde erst ab 7 Jahren teilnehmen. Ausgeschlossen von Distanzritten sind zudem säugende Stuten und Pferde mit ansteckenden Krankheiten.

566. Antwort a) ist richtig. Ball und Schläger des Polospiels sind aus Bambus. Der Ball (aus gepresstem Bambus) hat einen Durchmesser von 10 cm und ist 130 g schwer. Der Schläger ist 115 cm lang und hat am Ende ein Querholz, mit dem der Ball geschlagen wird.

567. Antwort a) ist richtig. Bei A reitet man in das Dressurviereck ein. A befindet sich auf der einen schmalen Seite des Vierecks, das eigentlich ein Rechteck ist. Bei C auf der gegenüberliegenden schmalen Seite sitzen bei einem Turnier die Richter.
X bezeichnet den Mittelpunkt der Bahn.

568. Antwort c) ist richtig. Das Trabrennen beansprucht die Beinmuskeln und Sehnen nicht so stark wie das Galopprennen. Daher können Traber länger laufen als Rennpferde: Hengste bis zum Alter von 10 Jahren, Stuten bis 7.

569. Antwort a) ist richtig. Die Rolle gehört nicht zu den Pflichtübungen des Voltigierens. Außer Schere und Stehen sind noch Grundsitz, Fahne, Mühle und Flanke Pflichtübungen.

570. Antwort b) ist richtig. Laufen die drei Pferde hintereinander, nennt man die Anspannung Random. Laufen die Pferde nebeneinander, nennt sich das Gespann „Troika“, läuft ein Pferd vorn und ein Paar dahinter, bezeichnet man es als „Einhorn“.

571. Antwort a) ist richtig. Beim Voltigieren geht in die Endnote neben Pflicht, Kür und Gesamteindruck der Gruppe auch die Pferdenote mit ein. Bewertet wird, wie das Pferd sich vorstellt und vor allem sein Gehorsam. Wenn es vom Galopp in den Trab fällt, wird die Übung mit 0 Punkten bewertet.

572. Antwort b) ist richtig. Seit 1915 hatte keine Stute mehr das Derby gewonnen. Doch Nereïde siegte nicht nur, sie lief die 2.400 m auch 3, 2 Sekunden schneller als der Weltrekordhalter von 1934.

573. Antwort a) ist richtig. Der Einführungsritt hat immer eine Tempobegrenzung. Beim kurzen Distanzritt gibt es den Ritt mit Tempobegrenzung wie auch den tempofreien.

574. Antwort c) ist richtig. Das Voltigieren war ein einziges Mal, 1920 in Antwerpen, olympische Disziplin. Und damals war es eine Voltigierprüfung für Unteroffiziere und Soldaten. Erst 1963 fanden die ersten Deutschen Meisterschaften im Gruppenvoltigieren statt, 1984 die erste Europameisterschaft, 1986 die erste Deutsche Meisterschaft im Einzelvoltigieren und ebenfalls in diesem Jahr die erste Weltmeisterschaft.

575. Antwort b) ist richtig. Das Traben auf der Stelle wird als Piaffe bezeichnet. Piaffartige Tritte, mit denen sich das Pferd ein wenig vorwärts bewegt, nennt man Passage.

576. Antwort b) ist richtig. Bei der Zwei-Pferde-Prüfung springt ein Reiter nacheinander mit zwei verschiedenen Pferden einen Parcours. Eine Variante ist, dass der Reiter zwei verschiedene Parcours des gleichen Schwierigkeitsgrades springt. In beiden Fällen zählt sein Gesamtergebnis an Fehlern und Zeit.

577. Antwort b) ist richtig. Ein Pferd darf frühestens mit 6 Jahren als Voltigierpferd eingesetzt werden.

578. Antwort a) ist richtig. Beim Cutting darf der Reiter seinem Pferd keine Hilfen geben. Bei dieser Disziplin des Westernreitens muss sich der Reiter in einer vorgeschriebenen Zeit ein Rind aus der Herde suchen und es von der Herde abtrennen. Das Cutting-Pferd muss den „cow sense" haben: Es muss instinktiv wissen, was das Rind als Nächstes tut.

579. Antwort a) ist richtig. Das Barockpferd ist ein so genanntes „Quadratpferd": Seine Länge entspricht seiner Widerristhöhe. Lipizzaner oder auch Friesen sind Barockpferde.

580. Antwort a) ist richtig. Barren ist auf deutschen Turnierplätzen verboten. Zu Recht, denn Barren ist Tierquälerei. Kurz bevor das Pferd über dem Sprung ist, wird die oberste Stange oder eine andere Stange angehoben, so dass sie gegen die Beine des Pferdes schlägt. Mit dieser brutalen Methode will man erreichen, dass das Pferd über dem Sprung die Vorderbeine richtig anzieht.

581. Antwort b) ist richtig. Der Prix St. Georges ist von den internationalen Dressurprüfungen die mittelschwere Übung. Den höchsten Schwierigkeitsgrad hat der Grand Prix.

582. Antwort c) ist richtig. Einige Sättel, zum Beispiel solche, die bei Flachrennen verwendet werden, wiegen nur knapp 200 g. Das (leichte) Gewicht ist das Wesentliche am Rennsattel.

583. Antwort b) ist richtig. Die Kegel beim Hindernisfahren müssen die Spurbreite der Hinterräder plus 30 cm auseinander stehen. Der Abstand ist also nicht sehr groß und so ist es für Fahrer und Pferde eine schwierige Aufgabe, durch den Parcours zu gelangen, ohne dass einer der Bälle fällt, die auf den Kegeln liegen.

584. Antwort c) ist richtig. Eine Kapriole ist ein Sprung in die Luft, bei dem das Pferd am höchsten Punkt kräftig nach hinten ausschlägt, so dass die Hinterbeine einen Moment gestreckt sind. Dieser Sprung gehört zu den Lektionen der „Hohen Schule".

585. Antwort b) ist richtig. Den Boden einer Galopprennbahn nennt man Geläuf. In der Regel handelt es sich um einen kurz geschnittenen Rasen. Ist die Bahn vom Regen aufgeweicht, spricht man von einem tiefen Geläuf.

586. Antwort a) ist richtig. Beim Westernreiten reitet man mit losen Zügeln. Das ist ein grundlegender Unterschied zur klassischen Reitweise, bei der immer die Verbindung zum Pferdemaul besteht.

587. Antwort c) ist richtig. Citation war ein Allrounder, er war auf jeder Distanz gut. Er erlief in seiner Karriere über 1 Millionen Dollar.

588. Antwort c) ist richtig. Ursprünglich war mit „Rodeo" das Zusammentreiben der Rinder von den Weiden gemeint. Die Vaqueros, die spanischen Rinderhirten, nannten es „rodear", das heißt einkreisen, zusammentreiben. Im Anschluss wurde ein großes Fest veranstaltet, bei dem es auch Wettbewerbe im Reiten und Lassowerfen gab. Diese Wettkämpfe haben die Cowboys übernommen.

589. Antwort b) ist richtig. Beim Distanzreiten wird am häufigsten Trab geritten.

590. Antwort b) ist richtig. Ende des 19. Jahrhunderts waren die Hindernisse in einem Normalparcours 80–100 cm hoch; nur erfolgreiche Pferde durften über 1,10–1,20 m springen. Etwa zur gleichen Zeit wurden bei Hochsprungwettbewerben Höhen von fast 2 m erreicht.

591. Antwort a) ist richtig. Der Voltigierer muss mindestens 3 Galoppsprünge auf dem Pferd stehen. Auch die anderen statischen Übungen, wie zum Beispiel die Fahne, müssen solange ausgeführt werden. Die Übungen, bei denen der Voltigierer in Bewegung ist, zum Beispiel bei der Mühle oder Schere, nennt man dynamische Übungen.

592. Antwort c) ist richtig. Ein Pferd darf erst ab 8 Jahren an S-Springen teilnehmen. Hier wird berücksichtigt, dass ein Pferd durchschnittlich erst mit 5 Jahren voll entwickelt ist.

593. Antwort b) ist richtig. Beim modernen Fünfkampf, der sich aus den Disziplinen Laufen, Schwimmen, Schießen, Fechten und Reiten zusammensetzt, werden die Pferde vom Veranstalter gestellt und ausgelost.

594. Antwort b) ist richtig. Beim Western Pleasure muss alles ganz leicht und gelöst aussehen. Der Reiter muss sein Pferd in den drei Grundgangarten am losen Zügel möglichst bequem und fließend reiten, ohne dass seine Hilfen zu sehen sind.

595. Antwort a) ist richtig. Der Begriff kommt aus der Sagenwelt des antiken Griechenlands. Die Amazonen waren ein Volk, das nur aus Frauen bestand und sehr kriegerisch war.

596. Antwort c) ist richtig. Auf den deutschen Rennbahnen wird sowohl links- als auch rechtsherum geritten. Rechtsherum ist allerdings die Regel. Nur in Baden-Baden, Frankfurt, Hannover und München-Riem geht es linksherum.

597. Antwort c) ist richtig. Am 5. Februar 1949 übersprang Huaso unter Alberto Laraguibel Morales in Santiago (Chile) 2,47 m. Bis zum heutigen Tage ist dieser Rekord ungebrochen.

598. Antwort a) ist richtig. Die Schaukel ist eine Lektion der Dressur. Man richtet das Pferd rückwärts und reitet dann im Schritt an. Nach einer bestimmten Anzahl von Schritten richtet man es wieder rückwärts und reitet erneut an.

599. Antwort b) ist richtig. Bei der Europameisterschaft der Vielseitigkeitsreiter 1979 in Luhmühlen sprangen Pferde über eine Theke. Man hatte sie als letztes Hindernis der Geländestrecke aufgebaut.

600. Antwort b) ist richtig. Der Parcours im Springen um das blaue Band beim Spring Derby Hamburg Klein Flottbek ist 1360 m lang und gilt mit seinen zum Teil naturbelassenen Hindernissen als der schwerste.

601. Antwort b) ist richtig. Vollblüter sind in Schnelligkeit und Ausdauer allen anderen Pferden überlegen. Die so genannten Zuchtrennen dienen dazu, geeignete Stuten und Hengste für die weitere Zucht zu finden.

602. Antwort b) ist richtig. Die Mannschaftsübung des Westernreitens heißt Team Penning. Die Mannschaft, die aus 3 Reitern besteht, muss sich aus einer Herde 3 gekennzeichnete Rinder heraussuchen, sie von der Herde trennen und in einen Pferch (= Pen) treiben. Sieger ist die Mannschaft, der es am schnellsten gelingt, die richtigen 3 Rinder in der Pferch zu bekommen.

603. Antwort c) ist richtig. Man versucht, eine gewisse Chancengleichheit herzustellen, indem man das Gewicht, das die Pferde zu tragen haben, ausgleicht, also anpasst. Gewogen werden der Reiter (ohne Sturzkappe, Gerte und Nummerndecke), die Satteldecke und der Sattel. Ist das Gewicht zu leicht, werden in die Satteldecke Bleigewichte gesteckt. Beim Gewichtsausgleich berücksichtigt man das Alter des Pferdes, sein Geschlecht und seine bisherigen Erfolge.

604. Antwort c) ist richtig. Die Lektionen der „Schule über der Erde“ kann man nur noch in 3 nationalen Schulen sehen: in der Wiener Hofreitschule, bei den Cadre Noir in Samur und in der Reitschule Laz Candenas in Jerez.

605. Antwort a) ist richtig. Beim Distanzreiten kommt es darauf an, eine bestimmte Distanz in schnellstmöglicher Zeit zu schaffen und mit einem gesunden, fitten Pferd ins Ziel zu kommen. Bei dieser Disziplin sind maximal 160 km zu bewältigen.

606. Antwort b) ist richtig. In Deutschland gibt es 5 klassische Galopprennen: den ARAG-Preis in Düsseldorf, den Preis der Diana in Mühlheim-Ruhr, das Kölner Mehl-Mülhens-Rennen, das Deutsche Derby in Hamburg und das Deutsche St. Leger in Dortmund.

607. Antwort a) ist richtig. Das erste Wagenrennen wurde 680 v. Chr. bei den 25. Olympischen Spielen der Antike veranstaltet. Gefahren wurde mit der Quadriga, einem Vierspänner, bei dem die Pferde nebeneinander laufen.

608. Antwort b) ist richtig. Manche Fahrpferde versuchen, ihren Schweif über die Leine zu schlagen und diese dann zwischen Schweifrübe und Hinterbacke festzuklemmen. Dann kann der Fahrer nicht mehr richtig auf das Maul einwirken. Aber nicht jedes Pferd, das mit dem Schwanz schlägt, ist ein Leinenfänger, manche wollen einfach nur die lästigen Fliegen vertreiben.

609. Antwort c) ist richtig. Die Lektionen am langen Zügel werden nicht geritten. Der Ausbilder des Pferdes geht hinter ihm und leitet es mit den langen Zügeln und seiner Stimme. Die Lektionen am langen Zügel sind sehr schwer. Bis das Pferd sie beherrscht, muss man jahrelang trainieren.

610. Antwort a) ist richtig. Das Pferd geht während seines Tagestrainings 7–8 Minuten im Trab, 4–5 Minuten im Galopp und ansonsten Schritt.

611. Antwort b) ist richtig. Linkshänder sind beim Polo nicht zugelassen. Der Grund dafür ist, dass eine Mischung aus Links- und Rechtshändern zu vielen gefährlichen Situationen führen kann, zum Beispiel beim Schlagen mit dem Stock.

612. Antwort b) ist richtig. Eine Übung darf maximal von 3 Voltigierern vorgeführt werden. Dabei müssen immer zwei mit dem Pferd in Berührung sein.

613. Antwort b) ist richtig. Eingeführt wurde die Renndistanz über 2 Meilen (= 2400 m) 1780 von englischen Adligen. Mit dem Werfen von Münzen soll entschieden worden sein, wessen Name das Rennen fortan tragen sollte. Lord Derby gewann.

614. Antwort c) ist richtig. Im Winter werden Trabrennen auch mit Schlitten oder mit einem Sulky auf Kufen gefahren.

615. Antwort a) ist richtig. Jedes Land darf den „Preis der Nationen“ nur 1-mal im Jahr ausschreiben, und zwar nur innerhalb eines CHIO (Concours Hippique International Officiel), das ebenfalls jedes Land nur 1-mal pro Jahr ausrichten darf.

616. Antwort c) ist richtig. Das Palio von Siena in Italien findet alljährlich auf dem Palazzo Communale statt, bei dem Vertreter der Stadtbezirke gegeneinander reiten. Auf der Strecke sind scharfe Kurven sowie starke Gefälle und Steigungen zu reiten. Erlaubt ist fast alles: Den Weg versperren, abdrängen, gegnerische Reiter oder Pferde mit dem Ochsenziemer schlagen. Sieger ist das Pferd, das nach drei Runden als erstes ins Ziel kommt – egal ob mit oder ohne Reiter.

617. Antwort c) ist richtig. Gras oder Sand wäre zu weich für das Sulky, den zweirädrigen Wagen, in dem die Fahrer sitzen. Deshalb werden Trabrennen nur auf Asphalt gefahren, der mit Sand, Schotter oder Rasennarben bedeckt ist.

618. Antwort a) ist richtig. Diomed siegte im ersten Derby 1780. Seine anschließende Karriere war nicht besonders erfolgreich und auch als Deckhengst überzeugte er anfangs nicht. Erst als er in die USA verkauft wurde, entwickelte er sich zu einem erfolgreichen Vererber. Diomed wurde 31 Jahre alt.

619. Antwort c) ist richtig. Die Garage für Kutschen nennt man Remise. Manchmal ist es ein richtiges Gebäude, manchmal nur ein überdachter Stellplatz.

620. Antwort c) ist richtig. Diese besonders schwierige Sprungkombination des Deutschen Springderbys (Hindernis Nummer 14), die schon vielen Reitern den Sieg kostete, ist nach dem Kaufmann und leidenschaftlichen Reiter Eduard F. Pulvermann (1882–1944) benannt, der 1920 den Parcours erschuf.

621. Antwort b) ist richtig. Der „Jog" ist der langsame Trab in der Westernreiterei. „Walk" ist der Schritt, „Trot" ein schnellerer Trab und „Lope" der Galopp.

622. Antwort a) ist richtig. Es gibt sehr wohl Kaltblutrennen. Sie gehen über eine Distanz von 400 m.

623. Antwort c) ist richtig. Im Führring werden die Rennpferde dem Publikum vorgestellt. Im Inneren des Führrings, einer ringförmig angelegten Bahn, dürfen sich nur die Personen aufhalten, die unmittelbar etwas mit dem Rennen zu tun haben.

624. Antwort c) ist richtig. An der Vielseitigkeitsprüfung für Wagenpferde dürfen nur Zwei- und Vierspänner teilnehmen.

625. Antwort b) ist richtig. Das Gewicht spielt beim Trabrennen keine Rolle. Chancengleichheit wird so erreicht: Pferde, die stärker als andere eingeschätzt werden, müssen über eine längere Distanz gehen, sie müssen 20–25 m weiter laufen.

626. Antwort a) ist richtig. 3,5 Jahre dauert die Ausbildung zum Jockey. Allerdings darf er sich nach Abschluss der Ausbildung nicht automatisch Jockey nennen. Diese Bezeichnung steht ihm erst nach 50 Siegen zu. Davor nennt man ihn Rennreiter.

627. Antwort c) ist richtig. Das bisher teuerste Vollblut-Fohlen ist in England für 1,2 Millionen Pfund (etwa 1,7 Millionen Euro) verkauft worden. Das Fohlen, eine Vollschwester des zweifachen Derbysiegers Galileo, ging an John Magnier, einen der größten und erfolgreichsten Vollblutzüchter der Welt.

628. Antwort c) ist richtig. Beim Superhorse müssen Übungen aus der Reining, dem Trail und dem Western Riding bewältigt werden.

629. Antwort c) ist richtig. Die Elemente und Figuren in der Dressur des Fahrsports, zum Beispiel Schlangenlinien, Volten, Achten, müssen in bestimmten Gangarten präsentiert werden, dem Schritt, dem versammelten Trab, dem Gebrauchstrab oder dem starken Trab.

630. Antwort b) ist richtig. Im Preis der Diana starten nur Stuten, es ist das deutsche Stutenderby. Auch im ARAG-Preis in Düsseldorf laufen ausschließlich Stuten gegeneinander.

631. Antwort a) ist richtig. Die Leistungsprüfungsordnung (LPO), herausgegeben von der Deutschen Reiterlichen Vereinigung (FN), bestimmt die Regeln des deutschen Turniersports. Für die internationalen Prüfungen ist die Internationale Reiterliche Vereinigung (FEI) verantwortlich.

632. Antwort c) ist richtig. Ein Pferd, das Körperkontakt meidet, eignet sich nicht zum Polo, da man, um an den Ball zu kommen, den Gegner auch mal wegdrängen muss.

633. Antwort c) ist richtig. Das Quarter Horse ist auf der Viertelmeile (etwa 400 m) schneller als ein Vollblutrennpferd. Daher auch der Name: quarter = viertel.

634. Antwort c) ist richtig. Eine Reitklappe ist eine kurze Peitsche, die im Galoppsport eingesetzt wird. Sie hat am Ende eine Klappe, denn sie soll das Pferd nicht durch Schlagen, sondern durch das klatschende Geräusch antreiben.

635. Antwort b) ist richtig. Ein Steher ist ein Pferd, das über lange Distanzen (bis 4200 m) schnell laufen kann. Das Pferd, das auf kurzen Strecken sehr schnell ist, nennt man Flieger und den „Mittlerstreckler“ Meiler.

636. Antwort c) ist richtig. Den Rennwagen im Trabsport nennt man Sulky. Er ist sehr leicht und hat Gummireifen.

637. Antwort b) ist richtig. Die Reining ist die Dressur der Westernreiter. Sie wird durchgehend im Galopp geritten. Die einzelnen Lektionen sind „Trockenübungen“, die das Pferd bei der Arbeit mit den Rindern beherrschen muss.

638. Antwort c) ist richtig. Der Geländeritt der großen Vielseitigkeitsprüfung besteht aus vier Teilen: 1. Wegestrecke, 2. Rennbahn mit Hindernissen, 3. Wegestrecke, 4. Querfeldeinstrecke. Am Tag zuvor findet die Dressurprüfung statt, am Tag nach dem Geländeritt die abschließende Springprüfung.

639. Antwort a) ist richtig. Die fünf Wettbewerbe des Rodeos sind: Saddle Bronc Riding (Reiten auf gesattelten Wildpferden), Bareback Bronc Riding (Reiten auf ungesattelten Wildpferden), Bull Riding (Bullenreiten), Steer Wrestling (Niederringen von Stieren) und Calf Roping (Einfangen von Kälbern mit dem Lasso).

640. Antwort a) ist richtig. Die Reiter der Cadre Noir, einer ehemalige Eliteschule der französischen Kavallerie, tragen schwarze Uniformen. Heute wird außer Dressur, Springen und Vielseitigkeit auch die Hohe Schule unterrichtet.

641. Antwort c) ist richtig. Etwa 6 m legt ein Rennpferd pro Sprungbewegung zurück. Ausgegangen wird von einem durchschnittlich 8 Zentner schwerem Pferd, das mit etwa 55 kg belastet ist. In einem 1600-m-Rennen muss ein Pferd rund 266 solcher Sprünge machen. Der Kraftaufwand bei einem derartigen 6-m-Sprung ist enorm.

642. Antwort c) ist richtig. Der „Roll-Back", eine 180-Grad-Drehung auf der Hinterhand, ist eine Lektion der Reining. Ebenso wie die schnellen 360-Grad-Drehungen, die Spins.

643. Antwort b) ist richtig. Spätestens 20 Minuten nach Beendigung des Distanzrittes muss das Pferd dem Tierarzt vorgeführt werden. Nur eine Minute zu spät bedeutet die Disqualifizierung.

644. Antwort b) ist richtig. Horseball ist Korbball zu Pferd. Das Spiel entstand 1976 in Frankreich nach dem Vorbild orientalischer Reiterspiele und des südamerikanischen Pato. Die Mannschaften bestehen aus je 4 Feldspielern, die versuchen, den mit 6 Lederschlaufen versehenen Ball in den gegnerischen Korb zu befördern.

645. Antwort a) ist richtig. Der Pritschensattel wird im Pferdesport am häufigsten eingesetzt. Er ist leichter als andere Sättel, so dass der Reiter einen besseren Kontakt zum Rücken seines Pferdes hat. Der Vielseitigkeitssattel ist ebenso wie der Dressur- und der Springsattel ein Pritschensattel.

646. Antwort b) ist richtig. Es gibt auch gerittene Trabrennen, vor allem in Frankreich. Einige Traber sind nur in einer der beiden Disziplinen gut, andere sind sowohl vor dem Sulky, dem Rennwagen, als auch unter einem Reiter schnell.

647. Antwort c) ist richtig. Bei der richtigen Ungarischen Post steht der „Reiter" auf zwei Pferden und lenkt noch 3 weitere vor sich. Häufiger sieht man allerdings die Variante mit nur zwei eng nebeneinander galoppierenden Pferden, auf denen der Reiter mit je einem Bein steht.

648. Antwort a) ist richtig. Früher blieben die Reiter beim Springen gerade sitzen oder lehnten sich sogar zurück. Frederico Caprilli (1868 - 1907) erkannte, dass die Pferde so eher behindert werden. Er lehrte, sich beim Absprung nach vorn aus dem Sattel zu beugen und sich so der Bewegung des Pferdes anzupassen. Und das geht mit kürzer geschnallten Steigbügelriemen leichter. Illias Toptani entwickelte auf Grundlage von Caprillis Erkenntnissen den heutigen Springsattel.

649. Antwort b) ist richtig. Kaltblüter können eine Geschwindigkeit von 35 km/h erreichen.

650. Antwort c) ist richtig. Wolfram Gantert schaffte es, mit 9 voreinander gespannten Classic Shetlandponys nicht nur geradeaus zu fahren, sondern auch noch Zirkel und Handwechsel vorzuführen. Das Gespann war 26 m lang.

651. Antwort c) ist richtig. 1902 sprang Frederico Caprilli in dem von ihm entwickelten Springstil die Weite von 7,40 m.

652. Antwort a) ist richtig. Der letzte Sprung in einer Mächtigkeitsspringprüfung ist immer die Mauer. Mächtigkeitsspringen sind Springprüfungen der Klasse S, die zunächst über einen Normalparcours gehen. Im anschließenden Stechen werden die Hindernisse immer wieder erhöht. Die Zeit spielt keine Rolle, nur die übersprungene Höhe.

653. Antwort a) ist richtig. Das Grand National ist mit einer Länge von 7.200 m das längste Jagdrennen der Welt. Normalerweise gehen die Rennen über eine Distanz von 3.300–6.800 m.

654. Antwort a) ist richtig. Beim Polo wird im Freien wird mit einer Vierermannschaft, in der Halle mit einer Dreiermannschaft gespielt. Die Spieler müssen versuchen, einen Ball mit Hilfe eines Stockes ins gegnerische Tor zu befördern.

655. Antwort b) ist richtig. Auf Pferde, die in ihrem Verhalten und ihrer Leistung unzuverlässig sind, kann nicht gesetzt werden. Im Programmheft erhalten sie den Vermerk o. W. (= ohne Wette).

656. Antwort c) ist richtig. Der Korb beim Horseball hat einen Durchmesser von 1 m. Er hängt senkrecht in 3,5 m Höhe.

657. Antwort b) ist richtig. Lou Dillon lief am 24. 10. 1903 als erster Traber die Meile unter 2 Minuten, genauer gesagt in 1:58.30 Minuten.

658. Antwort b) ist richtig. Beim amerikanischen Horsepulling kämpfen Kaltblüter gegeneinander. Bei diesem Wettbewerb geht es darum, welches Gespann (je 2 Pferde) das größte Gewicht ziehen kann.

659. Antwort b) ist richtig. Der Budjonny-Hengst Santos legte 1.800 km in nur 15 Tagen zurück. Der Budjonny ist ein russisches Pferd, entstanden aus der Kreuzung von Don-Stuten mit Vollblut-Hengsten.

660. Antwort c) ist richtig. „The Great American Horse Race“ führte von Frankfort im Bundesstaat New York quer durch die USA bis nach Sacramento in Kalifornien und dauert 99 Tage (davon 23 Ruhetage). In dieser Zeit gab es 72.960 tierärztliche Untersuchungen.

661. Antwort a) ist richtig. Pferde dürfen ab 4 Jahren Horseball spielen. Nicht zugelassen werden Pferde, die beißen oder treten. Und natürlich sollten die Tiere keine Angst vor einem Ball haben.

662. Antwort a) ist richtig. Im Fahrsport gibt es drei Disziplinen: Dressur, Gelände- und Hindernisfahren, wobei auch beim Geländefahren im letzten Abschnitt bis zu 8 Hindernisse zu bewältigen sind.

663. Antwort c) ist richtig. Ticino, aus der deutschen Vollblutzucht, war zwar auch als Rennpferd erfolgreich, aber nicht so wie als Deckhengst: 9 mal wurde er „Champion der Vererber".

664. Antwort c) ist richtig. In der Dressurprüfung der olympischen Spiele 1912 in Stockholm wurden auch fünf Sprünge gefordert, die bis zu 1,10 m hoch waren. Am Schluss musste noch eine Walze übersprungen werden, die dem Pferd entgegenrollte.

665. Antwort b) ist richtig. Der Orientierungsritt ist die erste Prüfung beim Trec-Wanderreiten, der noch der Rittigkeitstest und ein Geländeritt folgen. Beim Orientierungsritt muss der Reiter mit Hilfe von Landkarte und Kompass den richtigen Weg finden.

666. Antwort b) ist richtig. Beim Polo darf man nicht nur die Pferde wechseln, man muss es sogar. Nach jeder Pause zwischen dem 4., 6. und 8. Spielabschnitt wird mit einem frischen Pferd weitergespielt.

667. Antwort c) ist richtig. Kincsem gewann in allen 54 Rennen, in denen sie als 2-, 3-, 4-und 5-Jährige antrat.

668. Antwort b) ist richtig. Beim Horseball darf nur ein Korbwurf versucht werden, wenn zuvor mindestens 3 Pässe gespielt worden sind. Dabei darf ein Spieler den Ball nicht länger als 10 Sekunden festhalten.

669. Antwort b) ist richtig. Gespanne, die mit 4 und mehr Pferden gefahren werden, nennt man Mehrspänner.

670. Antwort b) ist richtig. 2003 siegte mit Julie Krone erstmals eine Frau in einem Rennen des Breeders Cup, in dem die besten Galopper aus Europa und Amerika gegeneinander laufen. Zuvor war sie allerdings schon in 3.700 anderen Rennen erfolgreich.

671. Antwort b) ist richtig. In der Nacht vom 8. auf den 9. Februar 1983 wurde Shergar entführt und tauchte nie wieder auf. Shergar hatte das Derby 1981 mit 10 Längen Vorsprung gewonnen.

672. Antwort a) ist richtig. Ein Reining-Pferd benötigt für das Training der Sliding Stops (das Pferd wird aus dem Galopp in den Stand gebracht) für die hinteren Hufe einen speziellen Beschlag, das so genannte Sliding-Eisen.

673. Antwort b) ist richtig. Ein Problem taucht häufiger beim Einfahren auf: Die jungen Pferde ängstigen sich vor dem Scheppern, das der Wagen hinter ihnen macht. Sie können ihn nicht richtig sehen und sie können ihm oder dem Krach nicht entfliehen.

674. Antwort a) ist richtig. Beim Einerwechsel, dem fliegenden Galoppwechsel von Sprung zu Sprung, wechselt man ständig den Fuß: vom Links- zum Rechtsgalopp und umgekehrt, ohne die Gangart zu wechseln.

675. Antwort a) ist richtig. Distanzritte sind in erster Linie Ausdauerprüfungen für die Pferde. Schnelligkeit nützt nichts, wenn das Pferd hinterher die tierärztliche Kontrolle nicht besteht. Pferde-, Fahrer- oder Reiterwechsel sind nicht gestattet, auch nicht bei den Wettbewerben über lange Distanzen.

676. Antwort c) ist richtig. Die Triplebarre ist ein Hochweitsprung. Bei Mauer und Rick muss das Pferd „nur" hoch springen, bei der Triplebarre hoch und weit, denn hier sind drei Ricks hintereinander aufgestellt, eines höher als das andere.

677. Antwort b) ist richtig. Bei den olympischen Spielen 1924 war für die Dressurprüfung die Höchstzeit von 10,5 Minuten vorgeschrieben. Um die Prüfung aber richtig zu reiten, benötigte man 12 Minuten. Nachdem die ersten Reiter Punktstrafen für Zeitüberschreitung bekommen hatten, begannen die anderen zu hetzen und in den Ecken abzukürzen.

678. Antwort c) ist richtig. Bei der Troika, drei Pferde sind nebeneinander gespannt, geht das mittlere Pferd im Trab, die beiden äußeren galoppieren. Ihre Köpfe sind dabei nach außen gestellt. Die Troika ist eine russische Anspannung.

679. Antwort b) ist richtig. Das Jagdrennen wird auch Steeplechase genannt. Die ersten Rennen wurden von Dorf zu Dorf ausgetragen. Die genaue Rennstrecke war nicht festgelegt. Man ritt einfach querfeldein von einem Dorf zum anderen, und zwar auf den Kirchturm (church steeple) zu.

680. Antwort c) ist richtig. Der Tevis Cup, ein Hundertmeiler (160 km), geht über sehr steile Fels- und Geröllwege und durch 40° Celsius heiße Canons der Sierra Nevada von Squaw Valley nach Buburn in Kalifornien: 2.578 m Aufstieg, 4.634 m Abstieg. Die Rekordzeit steht bei 11 Stunden, 33 Minuten.

681. Antwort a) ist richtig. Das Polo ist ein sehr altes Spiel. Schon die Perser haben es im 6. Jahrhundert v. Chr. gespielt. Um 1860 brachten britische Offiziere dann das „Pferde-Hockey" nach England.

682. Antwort b) ist richtig. Man kann mit einigen Ponys Westernreiten, zum Beispiel mit Norwegern, Isländern, Haflingern, Dartmoor-Ponys, Dülmener. Nicht alle eignen sich für jede Western-Disziplin.

683. Antwort b) ist richtig. Das Rennpferd Ribot hatte ein Stockmaß von nur 159 cm. Doch bei seinen 16 Starts siegte er 16-mal.

684. Antwort a) ist richtig. Schockiert von dem oft brutalen Umgang mit den Pferden, begann sich Benno von Achenbach (1861–1936) mit dem Fahren zu beschäftigen. Er studierte die verschiedensten Fahrstile in Europa und schuf ein System, das das Fahren sicherer und leichter machte und die Pferde schonender behandelte. Es wurde zur Grundlage des heutigen Fahrens.

685. Antwort c) ist richtig. Nur beim Western Horsemanship wird der Reiter beurteilt. In allen anderen Disziplinen des Westernreitens bewertet man das Pferd.

686. Antwort a) ist richtig. Die Hindernisse beim Geländefahren müssen durchfahren werden. Auf welchem Weg das zu geschehen hat, wird vorgeschrieben. Je schneller man ein Hindernis durchquert, desto besser, denn die Zeit wird in Strafpunkte umgerechnet.

687. Antwort b) ist richtig. Dahlia erlief eine Rekordsumme von über 1,5 Millionen Dollar.

688. Antwort b) ist richtig. Die Hohe Schule, die höchste Stufe der Dressur, ist unterteilt in die Lektionen auf der Erde und über der Erde, zu der Sprünge wie die Kapriole gehören. Die Hohe Schule baut auf den natürlichen Bewegungsabläufen des Pferdes auf.

689. Antwort b) ist richtig. Das Wegdrängen des Gegners, um ihm den Ball abzunehmen, ist erlaubt. Der Spieler darf jedoch nicht in einem Winkel, der mehr als 45 Grad hat, auf den Gegenspieler zureiten.

690. Antwort b) ist richtig. Bei den olympischen Spielen 1948 schummelten die schwedischen Dressurreiter. Da es Unteroffizieren immer noch nicht erlaubt war, an der olympischen Dressur teilzunehmen, verkleideten sie einen ihrer besten Dressurreiter, der nur Unteroffizier war, als Offizier. Die Sache flog jedoch auf und sie mussten ihre Goldmedaille zurückgeben.

691. Antwort b) ist richtig. Das Handpferd ist nicht das Pferd, das neben dem Wagen mitgeführt wird, sondern das Pferd, das in der Anspannung rechts geht. Das links gehende heißt Sattelpferd, die an der Stange (Deichsel) nennt man Stangenpferde.

692. Antwort c) ist richtig. Mit „Weile“ umschreibt man freundlich, dass ein Pferd mit großem Abstand verloren hat, nämlich mit mehr als 10 Pferdelängen.

693. Antwort b) ist richtig. Sowohl Fahrer als auch Beifahrer müssen mindestens 14 Jahre alt sein, um an einer Distanzfahrt teilnehmen zu dürfen. Zudem muss der Wagen mit so vielen Personen besetzt sein, wie Pferde eingespannt sind. Die Beifahrer können wechseln, ein Fahrerwechsel hingegen ist nicht erlaubt.

694. Antwort b) ist richtig. Bei der Levade steht das Pferd auf der gebeugten Hinterhand, die Vorhand ist aufgerichtet und die Vorderhufe sind so weit an den Körper gezogen, das sie fast die Ellenbogen berühren.

695. Antwort b) ist richtig. Ein Maultier gewann „The Great American Horse Race“, ein weiteres belegte den 10. Rang, und selbst zwei Islandponys schafften den Weg, der auch durch Prärien und Wüsten führte. Araber waren wie bei allen schweren Distanzrennen in der Mehrzahl, da sie im Durchschnitt mehr Ausdauer haben als andere Rassen.

696. Antwort a) ist richtig. Die Peitsche ist der verlängerte Arm des Fahrers. Mit ihr gibt er die Hilfen.

697. Antwort c) ist richtig. Bei den olympischen Spielen 1952 in Helsinki durften erstmals Frauen an der Dressur teilnehmen (und auch Unteroffiziere).

698. Antwort b) ist richtig. Hindernisrennen werden immer wieder von Tierschützern kritisiert, da es hier oft zu schweren Unfällen und Todesfällen kommt. Insbesondere das Grand National Steeplehase in Aintree (ca. 7.200 m mit 30 Hindernissen) und das Pardubitzer Steeplechase (Tschechische Republik) sind sehr umstritten.

699. Antwort a) ist richtig. Ein Pferd, das nach einem Distanzritt als reituntauglich oder auch als nicht fahrtauglich eingestuft wurde, darf in den darauf folgenden 10 Tagen nicht an einem Distanzritt oder einer Distanzfahrt teilnehmen.

700. Antwort c) ist richtig. Die Pirouette, eine halbe oder ganze Wendung um die Hinterhand, kann im Schritt oder im Galopp ausgeführt werden. Im Galopp ist sie weitaus schwieriger. Für eine ganze Pirouette braucht man 6–8 Galoppsprünge, für eine halbe 3–4.

701. Antwort b) ist richtig. Die Hindernisse beim Hürdenrennen sind etwa 1 m hoch, 1 m breit und bestehen aus Ästen oder Reisig. Verglichen mit den Hindernisrennen, den Steeplechase, sind Hürdenrennen einfach.

702. Antwort c) ist richtig. Der Don Zenit bewältigte die Distanz von 311,6 km in 24 Stunden. Fünf weitere Don-Hengste schafften bei einer Leistungsprüfung 305 km in 24 Stunden und Budjonny-Hengst Zanos kam auf 309 km in 24 Stunden.

703. Antwort c) ist richtig. Blinkers sind Scheuklappen. Man verwendet sie bei Pferden, um zu verhindern, dass die Tiere sich von allem Möglichen ablenken und irritieren lassen. Im Fahrsport benutzt man sie auch, damit die Pferde die Peitsche nicht sehen.

704. Antwort a) ist richtig. Bei der Rittigkeitsprüfung des Trec-Wanderreitens müssen die Pferde in einer 2 m breiten Gasse 150 m im Galopp so langsam wie möglich und im Schritt so schnell wie möglich geradeaus geritten werden.

705. Antwort a) ist richtig. Bei der Courbette, einer Lektion der Hohen Schule, verlagert das Pferd sein Gewicht auf die Hinterhand, hebt die Vorhand hoch, zieht die Vorderbeine an und vollführt dann mehrere Sprünge auf der Hinterhand, ohne mit den Vorderbeinen den Boden zu berühren.

706. Antwort b) ist richtig. Das Becher's Brook beim Grand National Steeplechase in Aintree ist nicht so sehr wegen seine Ausmaße (1,50 x 1 m) problematisch, sondern vielmehr, weil der Einsprung höher liegt als die Landestelle.

707. Antwort a) ist richtig. König Karl XII. von Schweden ritt die 2.400 km von Adrianopel nach Stralsund ohne Unterbrechung in 16 Tagen. Das sind im Schnitt 150 km pro Tag.

708. Antwort b) ist richtig. CCI steht für die großen Vielseitigkeitsprüfungen, die über 3 Tage geht.

709. Antwort c) ist richtig. Pferden, die unempfindliche Beine haben, macht es nicht so viel aus, wenn sie an die Stangen schlagen. So ist es schwerer, sie dazu zu bringen, die Beine über dem Sprung gut anzuziehen.

710. Antwort b) ist richtig. Verkaufsrennen sind Galopprennen, in denen der Sieger nach dem Rennen öffentlich versteigert wird.

711. Antwort b) ist richtig. Die Achenbach-Leine kann vom Bock aus, also während des Fahren verschnallt werden. Ein großer Vorteil, wenn man keinen Beifahrer hat und/oder die Pferde unruhig sind, denn in einem Turnier gibt es für das Absteigen Strafpunkte.

712. Antwort b) ist richtig. Das Eulennest war ein Sprung in einer Vielseitigkeit 1995 in Luhmühlen. Er sah aus wie eine übergroße Eulenhöhle, die allerdings auch hinten offen war, so dass die Reiter hindurchspringen konnten.

713. Antwort a) ist richtig. 1948 holte sich Humberto Mariles mit seinem einäugigen Pferd Arete die Goldmedaille im Einzelspringen und sicherte auch der mexikanischen Mannschaft olympisches Gold.

714. Antwort b) ist richtig. In Deutschland gibt es keine Zuchten, die sich auf Distanzpferde spezialisiert haben, in Frankreich dagegen gibt es sowohl Distanzpferdezuchten als auch entsprechende Auktionen, auf denen die Pferde dann verkauft werden.

715. Antwort a) ist richtig. Die Parcoursbauer der olympischen Vielseitigkeitsprüfung 1968 in Mexiko-City hatten nicht daran gedacht, dass ein nur 3 m breiter Wasserlauf, der auf der Geländestrecke lag, bei Regen und Gewitter zu einem reißenden Strom wird.

716. Antwort b) ist richtig. Bei den mittellangen Distanzritten (bis 79 km) überprüft der Tierarzt die Verfassung der Pferde 2-mal. Bei langen Distanzritten bis zu 120 km 3-mal und bei Ritten über 120 km 4-mal.

717. Antwort a) ist richtig. Steamboot war das erste Rodeopferd in den USA, 1901 begann seine 13-jährige Karriere. In dieser Zeit schaffte es nur einmal ein Mann namens Dick Stanley, die geforderten 8 Sekunden im Sattel von Steamboot zu bleiben.

718. Antwort c) ist richtig. Der Traber hieß Goldsmith Maid und fuhr seine 350 Siege zwischen 1864 und 1877 ein.

719. Antwort b) ist richtig. Beim Barrel Race, einem Rennen des Westernreitens, stehen die Tonnen im Dreieck. Das macht es schwieriger, so schnell wie möglich um die Tonnen herumzureiten.

720. Antwort b) ist richtig. Die Hindernisse beim Geländeritt des Wanderreitens dürfen auch umritten werden, wenn man sie nicht überspringen mag. Verglichen mit den Hindernissen der Vielseitigkeit sind sie jedoch harmlos. Es sind Hindernisse, die einem auf jedem Ausritt begegnen können: ein Baumstamm, ein Graben, eine Furt oder Ähnliches.

721. Antwort b) ist richtig. Sie müssen braun sein, damit sie nicht an den Handschuhen des Fahrers abfärben. Ob sie es auch wirklich sind, wird bei der Gespannkontrolle überprüft, wie auch die gesamte Ausrüstung der Pferde, der Kutsche und der Insassen.

722. Antwort c) ist richtig. Bei den Spins, einer Übung im Reining, macht das Pferd schnelle 360-Grad-Drehungen, also einmal im Kreis herum. Manche Pferde schaffen vier Spins hintereinander.

723. Antwort a) ist richtig. Im Geländeritt der olympischen Vielseitigkeitsprüfung 1960 in Rom mussten 1,15 m hohe und 1,10 m lange Betonröhren übersprungen werden. Viele Pferde verletzten sich an den scharfen Kanten. Von 73 Reitern beendeten 32 Reiter den Geländeritt nicht, die meisten wegen der Betonröhren.

724. Antwort b) ist richtig. Man O'War wurde zum amerikanischen Galopper des Jahrhunderts gewählt. Der Hengst siegte oft mit riesigem Vorsprung und schlug dabei die besten Pferde seiner Zeit, auf festem und auf tiefem Boden, auf verschiedenen Distanzen, egal ob rechts- oder linksherum.

725. Antwort c) ist richtig. Battleship war mit 154 cm der kleinste Sieger des Grand National. Er wurde von Bruce Hobbs geritten, der mit 17 Jahren der jüngste und mit 1,90 m der größte Jockey war, der dieses Rennen gewann.

726. Antwort b) ist richtig. Der Steilhang war ein gefürchtetes Hindernis in den Kavallerieschulen. In der spanischen Schule war zum Beispiel dieser Steilhang 15 m tief und die ersten 11 m fielen fast senkrecht hinab. Da brauchte der Reiter nicht nur Mut, sondern auch die richtige Technik, um dort heil herunterzukommen.

727. Antwort b) ist richtig. Ein Problem für die Reiter ist oft, dass die Pferde nach den schweren, großen und unbeweglichen Hindernissen im Gelände die leicht fallenden Stangen im Parcours nicht mehr so richtig ernst nehmen.

728. Antwort b) ist richtig. Der Sieger im Dubai World Cup erhält 2,4 Millionen US-Dollar.

729. Antwort a) ist richtig. Man nennt die Vielseitigkeitsreiter auch Buschreiter, weil sie durch Wald und Wiese reiten. Früher hießen sie Militäryreiter, denn die Vielseitigkeitsprüfungen hatten ursprünglich den Zweck, Pferde für die Armee zu testen und zu fördern und natürlich auch die Reiter entsprechend zu schulen.

730. Antwort b) ist richtig. Im Alter von 18 Jahren gewann das Rennpferd Revenge 1790 im englischen Shrewsbury.

731. Antwort c) ist richtig. Die falsche Reihenfolge zu reiten führt sofort zum Ausschluss, ebenso wie das dritte Verweigern und der zweite Sturz.

732. Antwort b) ist richtig. Something bewältigte diese Weite unter seinem Reiter Andre Ferreira am 25. April 1975 in Johannesburg.

733. Antwort c) ist richtig. Das Polo-Spielfeld ist 274 m lang und 182 m breit und somit 7-mal so groß wie ein Fußballfeld. Die Tore sind 7,30 m breit.

734. Antwort b) ist richtig. Die Distanzfahrt fand 1809 statt. Der Sieger fuhr die 635 km lange Strecke in 49 Stunden und 12 Minuten.

735. Antwort c) ist richtig. Die Pferde eines Viergespanns müssen nicht eine Farbe haben. In der Zeit, als die Kutschen noch Menschen und Waren transportierten, wurde an den Pferdewechselstationen darauf geachtet, dass man ein frisches Pferd bekam, aber nicht darauf, dass es farblich zu den anderen passte.

736. Antwort c) ist richtig. Captain Becher stürzte im Grand National Steeplechase 2-mal am selben Hindernis. Das zweite Mal blieb er einfach im Graben hocken, bis alle die Hürde genommen hatten. Seitdem heißt das Hindernis „Becher's Brook".

737. Antwort c) ist sicher die zutreffendste, aber, soweit bekannt, hat noch niemand Skijöring auf einer Buckelpiste ausprobiert. Auf jeden Fall ist es schwerer sich von einem Pferd ohne Reiter ziehen zu lassen, da man dann ja das Pferd auch noch lenken, antreiben und parieren muss. In St. Moritz wird dieser Sport sogar auf einem zugefrorenen See veranstaltet.

738. Antwort b) ist richtig. Beim Trail-Parcours für Fahrer kann eine Aufgabe darin bestehen, dass der Beifahrer im Vorbeifahren eine Mülltonne packt und sie bis zu einem markierten Punkt mitzieht und dort wieder abstellt.

739. Antwort a) ist richtig. Benno von Achenbach, der das Fahren für Pferde und Kutscher verbesserte, war selbst ein guter und leidenschaftlicher Fahrer. Für die Alpenüberquerung benötigte er 12 Tage.

740. Antwort c) ist richtig. Beim Geländeritt der Wanderreiter kontrollieren die Richter oft aus Entfernung, also ungesehen von den Teilnehmern, ob die vorgeschriebene Gangart eingehalten wird.

741. Antwort c) ist richtig. 16 Kaltblüter haben nicht die Kraft, zwei Halbkugeln aus Metall, die durch ein Vakuum aneinandergepresst wurden, auseinander zu ziehen.

742. Antwort c) ist richtig. Der Große Preis von Iffezheim über 2.400 m ist mit 920.000 Euro dotiert. Zudem ist dieser Grand Prix das einzige deutsche Galopprennen, das zur Weltmeisterschaftswertung der Galopper (World Series Racing Championship) gehört.

743. Antwort b) ist richtig. Für den 619 km langen Non-Stop-Ritt Berlin—Wien, der auch in der Gegenrichtung durchgeführt wurde, benötigte das Siegerpferd 71 Stunden und 27 Minuten. Es starb jedoch wenig später. Auch 18 deutsche sowie 8 österreichische Pferde überlebten den Ritt nicht. Diese und spätere Erfahrungen führten zu strengen Regeln der Distanzreiterei und zu den tierärztlichen Untersuchungen.

744. Antwort c) ist richtig. Das American Quarter Horse ist sozusagen das Original Westernpferd, das schon zur Zeit der großen Viehtriebe das Pferd der Cowboys war.

745. Antwort c) ist richtig. Im Tauziehen messen sich Kaltblüter nicht. Es gibt aber für starke Pferde Wettbewerbe im Pflügen wie auch im Holzrücken. Beim Pflügen wird unterschieden zwischen dem Wettbewerb, in dem der Pflug vorgeschrieben ist, und dem „Freistil“, bei dem man den Pflug frei wählen kann. Das Holzrücken wird entweder ein- oder zweispannig ausgetragen.

746. Antwort c) ist richtig. Beim Sliding Stop, bei dem das Pferd aus dem vollen Galopp zum Stehen gebracht wird, gleiten die Pferde bis zu 8 m auf der Hinterhand.

747. Antwort a) ist richtig. Eine Quadrille wird mit mindestens 4 Reitern geritten. Es können aber auch 12 oder 36 sein. Wichtig ist, dass die Anzahl sich durch 4 teilen lässt.

748. Antwort c) ist richtig, Eine Aufgabe beim Trail besteht darin, dass der Reiter ein Tor so schnell öffnen, durchreiten und wieder schließen muss, dass eine Rinderherde keine Chance hätte, mit hindurchzuschlüpfen.

749. Antwort b) ist richtig. Der verstärkte Trab (extended jog) ist bei allen Western-Pleasure-Prüfungen Pflicht.

750. Antwort c) ist richtig. Ein Pony holte sich 1968 die Silbermedaille im olympischen Springen. Stroller war knapp 148 cm und kam aus Irland. Seine Reiterin Marion Coakes startete allerdings für Großbritannien.